METODOLOGIA CIENTÍFICA

FRANCISCO TARCISO LEITE – PhD

METODOLOGIA CIENTÍFICA
Métodos e Técnicas de Pesquisa

Monografias, Dissertações, Teses e Livros

DIRETOR EDITORIAL:
Marcelo C. Araújo

EDITORES:
Avelino Grassi
Márcio F. dos Anjos

COORDENAÇÃO EDITORIAL:
Ana Lúcia de Castro Leite

REVISÃO:
Ana Lúcia de Castro Leite
Bruna Marzullo
Leila Cristina Dinis Fernandes
Ligia Maria Leite de Assis

DIAGRAMAÇÃO:
Simone A. Ramos de Godoy

CAPA:
Junior Santos

Todos os direitos em língua portuguesa, para o Brasil, reservados à Editora Ideias & Letras, 2023.
6ª impressão

Avenida São Gabriel, 495
Conjunto 42 - 4º andar
Jardim Paulista – São Paulo/SP
Cep: 01435-001
Televendas: 0800 777 6004
Editorial: 11 3862 4831
vendas@ideiaseletras.com.br
www.ideiaseletras.com.br

Dados Internacionais de Catalogação na Publicação (CIP)
(Câmara Brasileira do Livro, SP, Brasil)

Leite, Francisco Tarciso
Metodologia Científica: métodos e técnicas de pesquisa: monografias, dissertações, teses e livros / Francisco Tarciso Leite. – Aparecida-SP: Ideias & Letras, 2008.

Bibliografia.
ISBN 978-85-98239-94-1

1. Ciência – Metodologia 2. Métodos de estudo 3. Pesquisa – Metodologia I. Título.

07-10360   CDD-501

Índice para catálogo sistemático:
1. Metodologia científica: 501

Dedicatória

A DEUS, por tudo o que tem feito de bom em benefício da humanidade.

A meus pais – *in memoriam* – que, na sua simplicidade científica, fizeram tanto para deixar aos filhos e às filhas a herança eterna da seiva vital do saber.

Aos que se dedicam, no esquecimento da *mass media* e da sociedade, à grandeza do magistério, do trabalho diuturno de ensinar, pesquisar em prol do conhecimento, da ciência, da tecnologia, da cultura e do desenvolvimento humano.

Aos que fazem a Universidade brasileira, principalmente a UNIFOR, pelo reconhecimento de sua grandeza humano-institucional.

Aos que primam pelo interesse em transmitir com seriedade os ensinamentos da Metodologia Científica, disciplina tão importante para a extensão e as pesquisas científica e tecnológica.

Agradecimento

À UNIFOR – Universidade de Fortaleza–, onde leciono a disciplina Metodologia Científica há mais de vinte anos, em cursos de graduação e pós-graduação *lato* e *stricto* sensu. Aos mestrandos e doutorandos de vários anos dos Cursos da PUC/RJ, da USP e da UFPb e das Universidades cearenses (UFC, UECE, UVA e URCA), por onde passei ministrando a disciplina Metodologia Científica e outras, dos cursos de Administração, Economia e Direito: graduação e pós-graduação; elaborando, executando ou coordenando pesquisas.

Aos que fazem o Mestrado de Administração de Empresas, para cuja criação contribuí, e que sempre me incentivaram no campo da pesquisa, na docência das disciplinas de Metodologia da Pesquisa Científica e de Gestão Participativa.

Aos professores e pesquisadores: Fernanda Scheridan de Moraes Bezerra, Mário Monteiro, Pedro José Freire Castelo, José Victor Medeiros Filho, Maria Ivete Holanda, Cristino de França Junior, Lorena Cunha de Sena, Lara Abreu, Luiz Cruz de Vasconcelos Junior, Carolina Cals, Rita Vânia Moreira Gomes, que, durante cinco anos, contribuíram para a elaboração dos capítulos, corrigindo-os ou dando sugestões para melhorar seu conteúdo.

Agradecimento especial aos professores *Costa Matos* e *Núbia Garcia,* que, com maestria, dedicaram-se à revisão deste livro: ortografia e conteúdo.

Ao monitor da disciplina, Lucas Rebouças Guimarães, a revisão e correção de gráficos, tabelas, figuras e fórmulas estatísticas.

A Michaele Feitosa Pessoa, auxiliar técnica da pós-graduação, que digitou o corretivo final.

Sumário

Apresentação 19
Prefácio da primeira edição.. 21
Prefácio da segunda edição 27
Introdução 33

Capítulo I
CIÊNCIA, CONHECIMENTOS E PESQUISA CIENTÍFICA.......... 37
1. Conceito de ciência e tipos de conhecimentos 37
2. Pesquisa e ciência... 40
   2.1. A investigação científica... 40
   2.2. O processo de investigação 41
   2.3. Pesquisa científica 43
   2.4. Pesquisa científica e sua tipologia..................................... 45
3. Tipos básicos de pesquisas 47
   3.1. A pesquisa bibliográfica... 47
      3.1.1. Técnicas específicas da pesquisa bibliográfica 48
         a) Levantamento bibliográfico.. 49
         b) Seleção bibliográfica... 49
         c) Leitura 50
         d) Fichário 50
   3.2. Pesquisas: histórica, descritiva e experimental................. 51
      3.2.1. Pesquisa histórica... 51
      3.2.2. Pesquisa descritiva 52
         a) Pesquisa de opinião 52
         b) Pesquisa documental 53

  c) Pesquisa de motivação 53
  d) Pesquisa de estudo de caso 54
  e) Pesquisa exploratória 54
  f) Pesquisa de mercado 54
 3.2.3. Pesquisa experimental 58

Capítulo II
PESQUISAS ESPECIAIS: PESQUISA-AÇÃO E ESTUDO DE CASO 61
1. A pesquisa científica quanto à tipologia 61
2. Tipos de pesquisa-ação 63
3. Estudo de caso: definição 67
 3.1. Tipos de estudo de caso 67
 3.2. Vantagens e desvantagens do estudo
   de caso como tipo de pesquisa 68
4. Pesquisa-ação 69
 4.1. Definição 70
 4.2. Pesquisa-ação: aplicação 71

Capítulo III
A LEITURA E SUA IMPORTÂNCIA NA PESQUISA 75
1. Principais tipos de leitura 76
2. A seleção da leitura 76
3. Ambiente, tranquilidade e concentração 78
4. O estudo do texto 79
 4.1. Unidade e ideia central da leitura 79
 4.2. O ato de sublinhar 80
 4.3. Esquematizar e resumir 80
 4.4. Comentar uma leitura 81
5. Dificuldades na leitura 82
6. Como tirar proveito da leitura: técnicas 83

Capítulo IV
MÉTODO CIENTÍFICO E METODOLOGIA 87
1. Conceitos de método científico e sua tipologia 89

1.1. Método científico 90
1.2. O processo do método científico 91
1.3. Principais métodos filo-científicos 92
2. Métodos racionais 93
    2.1. Método dedutivo 93
    2.2. Método indutivo 93
3. Outros métodos de pesquisa em Ciências Sociais Aplicadas 94
4. Classificação dos métodos em quantitativos e qualitativos 94
    4.1. Métodos quantitativos 96
    4.2. Métodos qualitativos 100
5. Metodologia científica: conceitos 101
6. As técnicas auxiliares dos métodos 102
    6.1. Entrevista 102
        6.1.1. O importante na entrevista 104
        6.1.2. Objetivos 105
        6.1.3. Tipos de entrevistas 105
        6.1.4. Vantagens e desvantagens da entrevista 106
        6.1.5. Preparação e arte 107
    6.2. Questionário 109
        6.2.1. O processo de elaboração de um questionário 110
        6.2.2. Pré-teste 111
        6.2.3. Tipos de perguntas em um questionário 112
        6.2.4. Vantagens e limitações do questionário 114
    6.3. Formulário 115
    6.4. Internet 116
        6.4.1. Tipos de *sites* de pesquisa 117

Capítulo V
AMOSTRAGENS PROBABILÍSTICAS
E NÃO PROBABILÍSTICAS EM PESQUISA 121
1. Vantagens da amostragem 122
2. Qualidades de uma boa amostra 122
3. Passos para a seleção de uma amostra 123
4. Problemas solucionados pelas amostras 123
5. Tipos de amostragens 123
    5.1. Amostragem probabilística 125

  5.1.1. Aleatória simples ou casual 125
  5.1.2. Aleatória estratificada 127
  5.1.3. Por conglomerado 128
 5.2. Amostragem não probabilística 128
  5.2.1. Por conveniência ou acidentais 129
  5.2.2. Intencionais ou por julgamento 129
  5.2.3. Por quotas ou proporcionais 129
6. Tamanho das amostras 130
 6.1. Amplitude 130
 6.2. Nível de confiança estabelecido 131
 6.3. Erro de estimação permitido 131
 6.4. Proporção da característica pesquisada no universo 131

Capítulo VI
ESTATÍSTICA E PESQUISA 133
1. Estatística descritiva 133
 1.1. Tipos de dados 134
 1.2. Análise em pequenos grupos de dados 135
  1.2.1. Medidas de tendência central 135
   1.2.1.1. Média aritmética 135
   1.2.1.2. Média geométrica 136
   1.2.1.3. Média ponderada 137
   1.2.1.4. Mediana 137
   1.2.1.5. Moda 138
  1.2.2. Medidas de dispersão 139
   1.2.2.1. Intervalo 139
   1.2.2.2. Desvio médio 140
   1.2.2.3. Variância 141
   1.2.2.4. Desvio padrão 142
 1.3. Análise de grandes conjuntos de dados 143
  1.3.1. Distribuições de frequência 143
   1.3.1.1. Distribuição de frequência para dados contínuos ... 143
   1.3.1.2. Distribuição de frequência para dados discretos 144
   1.3.1.3. Construção de uma distribuição
    de frequência acumulada 145

1.4. Gráficos 146
    1.4.1. Gráfico em colunas e barras.. 146
    1.4.2. Gráfico em setores... 147
    1.4.3. Gráfico polar.. 147
    1.4.4. Gráficos em curvas 148
2. Probabilidade 149
    2.1. Espaço amostral e evento 149
    2.2. Propriedades da probabilidade 150
    2.3. Principais fórmulas e teoremas de probabilidade 150
        2.3.1. Probabilidade de ocorrência 150
        2.3.2. Análise combinatória... 151
        2.3.3. Probabilidade condicional 151
        2.3.4. Teorema do produto.. 152
        2.3.5. Independência estatística 153

Capítulo VII
MEDIDAS DE ATITUDES 155
1. Conceito 156
    1.1. Características... 156
    1.2. Componentes 157
2. Atitudes, opinião, interesse e motivação.................................. 158
3. Importância... 158
4. Dificuldades de medição... 159
5. Técnicas para medir atitudes 159
    5.1. Características de uma escala de atitudes 160
    5.2. Critérios para formulação de itens 160
        5.2.1. Itens cognitivos 161
        5.2.2. Itens classificatórios de dupla escolha 162
        5.2.3. Itens de múltipla escolha 162
        5.2.4. Recomendações apresentadas para formular itens de atitudes .. 162
6. Principais técnicas para medir atitudes.................................... 163
7. Escalas de autorrelato 164
    7.1. Escalas indiretas.. 165
        7.1.1. Escalas de intervalos aparentemente iguais de Thurstone.. 166
        7.1.2. Críticas às escalas de Thurstone...................................... 167

  7.1.3. Escalas somatórias ou escala Likert 167
  7.1.4. Passos para a construção da escala de Likert 168
  7.1.5. Críticas à escala de Likert 169
  7.1.6. Comparação entre as escalas de Likert e de Thrustone 170
8. Escala de Guttman 171
 8.1. Pessoas 172
 8.2. Críticas à escala de Guttman 172

Capítulo VIII
CONFIABILIDADE E VALIDADE 175
1. Conceitos 176
2. Confiabilidade 176
 2.1. Cálculo de coeficientes de confiabilidade: métodos 177
 2.2. Procedimentos para calcular o coeficiente de confiabilidade ... 178
 2.3. Fatores que afetam a confiabilidade de um instrumento 179
 2.4. Fatores que melhoram a confiabilidade de um instrumento ... 179
3. Validade 179
 3.1. Validade concorrente e validade preditiva 180
 3.2. Validade de conteúdo 180
 3.3. Validade de construto 180

Capítulo IX
A PESQUISA E SEU PLANEJAMENTO 181
1. Plano 181
2. Programa 182
3. Projeto 183
4. Meta 183
5. Etapas do planejamento da pesquisa 184
 5.1. Preparação da pesquisa 184
 5.2. Identificação 184
 5.3. Execução da pesquisa 185
 5.4. Relatórios: parcial e final 186

Capítulo X
O PROJETO DE PESQUISA E O ANTEPROJETO 189
1. Tema e problema 190
2. Objetivos: o que fazer? 190
    2.1. Objetivo geral 191
    2.2. Objetivos específicos 191
3. Justificativa: por que fazer? 191
4. Hipóteses e variáveis 191
5. Metodologia 192
    5.1. Localização 192
    5.2. Natureza e tipologia 192
    5.3. População e amostra 192
    5.4. Métodos e técnicas 193
        5.4.1. Métodos 193
        5.4.2. Técnicas 194
    5.5. Outros procedimentos 194
6. Análise e interpretação dos dados e informações 194
7. Cronograma 195
8. Orçamento 195
9. Bibliografia 195
10. Apêndices e anexos 196
11. Modelo de anteprojeto de pesquisa 196
    11.1. Identificação 196
    11.2. Problema 197
    11.3. Justificativa: contextualização e importância 197
    11.4. Metodologia 198
    11.5. Cronograma 199

Capítulo XI
ANÁLISES INTERPRETATIVA E DE CONTEÚDO 201
1. A leitura e sua interpretação 201
    1.1. Conceito e interpretação da leitura 202
    1.2. Tipos de leitura 202
2. Análise e interpretação 203
    2.1. Histórico da análise de conteúdo 204

    2.2. Processamento dos dados... 205
    2.3. Tipos de análises... 206
    2.4. Tipos de análises mais utilizados em pesquisas científicas........... 208
3. Apresentação de resultado e ética.. 209
    3.1. A estrutura do texto... 210
    3.2. O estilo do texto.. 210
    3.3. Aspectos gráficos... 210
    3.4. A ética do pesquisador... 212

Capítulo XII
RELATÓRIO DE PESQUISA... 213
1. O que é um relatório... 214
2. Como se elabora o relatório final de uma pesquisa........................... 216

Capítulo XIII
MONOGRAFIA.. 219
1. Conceito... 220
2. Conteúdo... 221
3. A Metodologia nos relatórios e nas monografias............................. 222
4. Estrutura das monografias como trabalhos técnico-científicos.......... 223
    4.1. Elementos preliminares do pré-texto..................................... 223
    4.2. Corpo da monografia ou o texto.. 225
    4.3. Elementos pós-liminares do pós-texto.................................... 226
    4.4. Apresentação gráfica.. 226

Capítulo XIV
TIPOLOGIA E ESTRUTURA DO TRABALHO CIENTÍFICO...... 231
1. O anteprojeto e o projeto de pesquisa ou trabalho científico............. 233
2. O trabalho científico: conteúdo... 234
3. Divisão e enumeração do texto do trabalho.................................... 234
4. Capa, folha de rosto e ilustrações... 235
5. As margens, citações e referências bibliográficas.............................. 237
6. Bibliografia... 238
7. Sumário, apêndice, anexo, índice e glossário................................... 238
8. Notas de rodapé.. 239

9. Apresentação gráfica 239
10. Exigências específicas: artigo científico, monografia,
tese e pesquisa de pós-doutorado 240
    10.1. Artigo científico para revistas 241
    10.2. Dissertação de mestrado 241
    10.3. Modelos da capa e das folhas pré-textuais
        de um trabalho científico 242

Capítulo XV
AS NORMAS DA ABNT 259
1. Missão e visão 259
2. Objetivos 260
3. A normalização e seus fins 260
4. Certificação 260
5. Normas de documentação 262
    5.1. NBR 6021 – Publicidade periódica científica impressa 262
    5.2. NBR 6022 – Artigo em publicação periódica científica 262
    5.3. NBR 6023 – Informação e documentação:
        referências e elaboração 262
    5.4. NBR 6024 – Numeração progressiva das seções
        de um documento 264
    5.5. NBR 6027 – Sumário 265
    5.6. NBR 6028 – Resumos 266
    5.7. NBR 6032 – Abreviação de títulos de periódicos
        e publicações seriadas 267
    5.8. NBR 6033 – Ordem alfabética 269
    5.9. NBR 10520 – Apresentação de citações em documentos 270
    5.10. NBR 14724 – Informação e documentação
        – Trabalhos acadêmicos – Apresentação 272

Capítulo XVI
CIÊNCIA, PESQUISA E TECNOLOGIA 273
1. Ciência 276
    1.1. Método científico 276
    1.2. Filosofia da ciência 277

  1.3. Objetivos da ciência 277
  1.4. Laboratório da ciência 279
  1.5. Campos da ciência 280
 2. Pesquisa 280
  2.1. Critérios para a execução de uma pesquisa 280
  2.2. Para que serve a pesquisa 281
  2.3. Tipologia de pesquisa 281
   2.3.1 Quanto ao conteúdo 282
   2.3.2. Quanto aos objetivos 282
   2.3.3. Quanto aos procedimentos 284
   2.3.4. Quanto ao objeto 284
 3. Tecnologia 286
  3.1. Tecnologia e economia 287
  3.2. Tipos de tecnologia 287
  3.3. História da tecnologia 288
  3.4. Ciências tecnológicas 289

Conclusão 291

Apêndices 295
A. Modelo de Anteprojeto de Pesquisa 299
B. Ficha Técnica de Pesquisa n. 1 305
C. Ficha Técnica de Pesquisa n. 2 311

Referências bibliográficas 315

Apresentação

Preparar a apresentação do livro *Metodologia científica,* do professor Tarciso Leite, não foi difícil. O aluno ou professor que necessitar desta obra, para orientação sobre a maneira de preparar um trabalho de cunho científico, vai entender o depoimento inicial. Trata-se de um trabalho que se preocupa constantemente em orientar de maneira prática e objetiva o planejamento correto dos passos de uma investigação científica, assim como apresentá-la satisfatoriamente para a comunidade acadêmica. Quando começamos a examinar este livro, percebemos de início que se trata de um trabalho diferente, em formato simples, que procura orientar de maneira mais eficiente aqueles que se encontram às voltas com a produção de um trabalho científico. A metodologia adotada para a produção de um trabalho de cunho científico é importante, pois deve seguir parâmetros que mostrem ao leitor a profundidade do trabalho, com simplicidade e clareza. E esse caminho somente pode ser trilhado quando o autor já passou por todas as etapas já vividas pelo professor Tarciso Leite.

Tendo cursado pós-doutorado na Universidade de Quebec, atualmente é professor titular do Mestrado em Administração da UNIFOR, sendo por todos reconhecida a sua dedicação aos estudantes no cotidiano mister de orientar seus trabalhos, tanto na graduação como na pós-graduação. Nota-se em sua obra a facilidade da transmissão do conhecimento, obtida na prática, no dia a dia da academia durante os múltiplos trabalhos já orientados. O autor dedica o primeiro capítulo à epistemologia – *ciência que estuda a própria ciência* –, cujo conhecimento é imprescindível aos que fazem da pesquisa sua preocupação profissional. Daí preocupar-se em mostrar a relação existente entre a epistemologia, a ciência e a pesquisa técnico-científica. Neste capítulo, apresenta seus conceitos sobre a ciência, os tipos de conhecimentos, as definições e a tipologia da pesquisa científica. O capítulo II trata de dois tipos especiais de pesquisa: o estudo de caso e a pesquisa-ação. O capítulo III focaliza o tema *leitura e sua importância para a pesquisa*, como técnica por excelência da pesquisa bibliográfica, sendo esta, para ele, o fundamento de todos os outros tipos de pesquisa: histórica, experimental, pesquisa-ação, estudo de caso e descritiva, com suas subdivisões: exploratória, de opinião, de motivação, de documentação, de caso, de mercado e outras.

Nos dois capítulos seguintes, o IV e o V, verifica com maestria as definições e os inúmeros tipos de métodos utilizados pelas ciências em geral e especificamente pela metodologia científica, denominados por ele de métodos *filo-científicos*, abordando, outrossim, as amostragens probabilísticas e não probabilísticas utilizadas na pesquisa, salientando os principais tipos de amostras utilizadas nas pesquisas contemporâneas.

No capítulo subsequente, o VI, o autor escreve sobre *medidas de atitudes, muito importantes para a pesquisa comportamental, behaviorista, holística, de opinião e de marketing*. Não deixa de mostrar as *técnicas escalares*, para a medição de atitudes, mais conhecidas e mais usadas, como as de Likert, de Guttman e de Thurstone, analisando os "prós" e "contras" de cada uma. Complementa esse capítulo conceituando e mostrando as vantagens e desvantagens da Confiabilidade e da Validade para se avaliar o resultado nas medidas de atitudes (capítulo VII).

Depois de abordar a visão epistemológica e teórica da pesquisa, passa, o professor Tarciso Leite, para a parte tecnológica da metodologia científica, tratando nos capítulos VIII, IX, X, XI, XII e XIII do planejamento da pesquisa e suas etapas, do anteprojeto e do projeto de pesquisa, da análise e interpretação das informações e dos dados coletados, do relatório, do resultado da pesquisa, da monografia, assim como da estrutura de qualquer trabalho científico. Enfim, seu sucesso é garantido, pois se trata de um trabalho bem escrito que adota, como padrão de orientação, as normas da ABNT, órgão nacional de normalização escolhido pela maioria dos cientistas de todas as áreas e que oferece credibilidade internacional, o que será plenamente apreciado por todos os que usufruírem da sua leitura.

Prof. Dr. José Antônio Carlos Otaviano David Morano
Vice-Reitor de Pesquisa e Pós-graduação da UNIFOR

Prefácio da primeira edição

A Metodologia científica é uma ciência das mais importantes por ser um *conjunto de conhecimentos específicos, com objeto, técnicas e métodos próprios,* usados por todas as outras ciências, como instrumento seguro para apresentar os resultados de suas pesquisas, tornando-as mais conhecidas.

É imprescindível para a coleta e expansão do conhecimento científico e, ao mesmo tempo, complexa, a tal ponto que provoca polêmica entre os docentes e discentes de cursos de pós-graduação, no sentido estrito ou amplo – *stricto et lato sensu,* sobre que normas seguir para melhor elaborar e executar seus anteprojetos e projetos de pesquisa e apresentar seus resultados em monografias, dissertações, teses e diversos outros documentos técnico-científicos.

Essa complexidade é oriunda da variedade de fontes de origem dos estudos e trabalhos dos mestres, doutores e pós-doutores, assim como da não exigência rígida do cumprimento de regulamentações e normas provenientes de um órgão que poderia ser a entidade fiscalizadora de sua aplicação, como, por exemplo, no Brasil, a Associação Brasileira de Normas Técnicas – ABNT. Essa é normalizadora, mas não fiscalizadora, e muito menos coativa.

Toda a "torre de babel" existente com o emaranhado conjunto de orientações técnico-científicas de "como escrever uma monografia ou um artigo científico", ou "como fazer uma dissertação ou uma tese", complica-se ainda mais com a existência de instituições ou organizações que se arvoram como mentoras e orientadoras máximas na difícil arte de escrever monografia científica, apresentar relatórios ou trabalhos técnico-científicos.

Para se ter uma ideia da complexidade das fontes de orientação que os cientistas, estudiosos e pesquisadores têm como *principais ou as melhores na Metodologia científica,* citam-se as entidades internacionais e nacionais que servem de base de consulta para o uso dessa ciência nas atividades acadêmicas e tecnológicas.

No campo internacional são aceitas e respeitadas três grandes entidades ou instituições:

a) International Organization for Standardization – ISO;
b) American Library Association – ALA; e a
c) Modern Language Association of America – MLA: Handbook for writers of research papers, theses and dissertations. New York University Press. 1977.

No Brasil, tem-se quase uma dezena de fontes que, com importantes cientistas como seguidores, aumenta mais a complexidade de aplicação dos princípios da metodologia científica:

a) Associação Brasileira de Normas Técnicas – ABNT.
b) Fundação Instituto Brasileiro de Geografia e Estatística – FIBGE.
c) CNPq – Conselho Nacional de Pesquisa.
d) CAPES – Coordenação de Associações do Ensino Superior.
e) Os especialistas em Metodologia Científica: escritores e autores de livros.
f) Os manuais escritos por Universidades, Mestrados, Doutorados para uso interno.
g) Os professores e pesquisadores diversos que tiram de sua vontade e seus estudos a autoridade para aplicar a metodologia científica livremente em suas orientações de tese, dissertações e monografias de mestrandos e doutorandos, respeitando apenas algumas normas mais genéricas da ABNT.
h) As repartições públicas e privadas, patrocinadoras de elaboração e execução de projetos de pesquisas científicas que adotam seus próprios modelos e formulários para elaboração de projetos e de relatórios de pesquisa, assim como para solicitação e obtenção de bolsas de pesquisas e financiamento de suas atividades de estudos e pesquisas.

Diante dessa complexidade, selecionam-se, como padrão de orientação, as normas da ABNT. Como estudiosos e pesquisadores, cabe-nos seguir as normas gerais e específicas dessa conceituada Associação (ABNT) e de alguns livros que, temos certeza, respeitam essas normas.

Neste livro, o professor e pós-doutor Francisco Tarciso Leite, pesquisador de nossa Universidade, UNIFOR, com bastante experiência de docência e pesquisas nacionais e internacionais, lotado no Mestrado de Administração de Empresas, professor conceituado de nosso curso de graduação e sobretudo de pós-graduação, preocupou-se em escrever uma obra simples, substanciosa em conteúdo e, sobretudo, voltada para o cotidiano da elaboração e execução da pesquisa monográfica, dos artigos e trabalhos científicos.

Considerou o professor Tarciso o essencial, fugindo do "exagero *cientificista e da superficialidade tecnológica improvisada*", esteios de muitos dos *PhDeuses,* na afirmação do ilustre Técnico do CAPES-CNPq, Diretor da Faculdade de Administração e dos Cursos de Mestrado e Doutorado da MAKENZIE/SP, prof. pós-doutor Reinaldo Cavalheiro Marcondes. Para ele, esses PhDs são ávidos em demonstrar seus próprios conhecimentos, ideias e criar métodos e técnicas, com terminologia que consideram altamente científica, pesquisada em autores alienígenas, cujas obras poucos conhecemos (conferência na abertura do curso de Administração da décima turma do Mestrado de Administração da UNIFOR, 2/2/2004).

O autor desta obra, Prof. pDr., pela Universidade de Quebec em Montreal, Canadá, Tarciso Leite, costuma dizer a seus alunos que uma pesquisa e um trabalho científicos, para serem ótimos, isto é, serem 100 % excelentes em conteúdo, forma e estrutura, e conseguirem sua nota máxima 10 (dez), 100%, devem ter 80% de excelente conteúdo científico, 10% de ótima estrutura e 10% de ótima forma. Com isso ele quer dizer que, dificilmente, concede a nota máxima, 10 (dez), a seus mestrandos ou doutorandos.

Lendo este livro, fica-se convicto de que não há a menor dúvida de que a entidade ou empresa mais responsável e a mais importante, respeitada e recomendada no Brasil, nos estudos e no ensino da metodologia científica, é a ABNT – Associação Brasileira de Normas Técnicas. Apreende-se no capítulo XIV desta obra (LEITE, 2004), em que trata dessa associação:

A ABNT é um órgão ou instituição nacional que oferece credibilidade internacional. Todo o seu processo de certificação está estruturado em padrões internacionais, de acordo com ISO/IEC Guia 62/1997, e suas auditorias são realizadas atendendo às normas ISO 10011 e 14011, garantindo um processo reconhecido e seguro (LEITE, 2004: Capítulo X).

A ABNT, para o autor, assim como para todos nós, conta ainda com um quadro de técnicos capacitados e treinados para realizarem avaliações uniformes, garantindo maior rapidez e confiança nos certificados.

Sabe-se que é uma entidade privada, independente e sem fins lucrativos, fundada em 1940, que atua não só na área da metodologia científica, mas também na de certificação, atualizando-se constantemente e desenvolvendo *know-how* próprio. Presta muito serviço público. É reconhecida pelo governo brasileiro como *Fórum nacional de normalização*, além de ser uma pessoa jurídica, uma das fundadoras e a única representante da ISO (*International Organization for Standardization*) no Brasil. Além disso, é credenciada pelo INMETRO (Instituto Nacional de Metrologia, Normalização e Qualidade Industrial), o qual possui acordo de reconhecimento com os membros do IAF (*International Acreditation Forum)* para certificar Sistemas da Qualidade (ISO 9000) e Sistemas de Gestão Ambiental (ISO 14001) e diversos produtos e serviços.

A ABNT oferece também, através de acordos com organizações congêneres, certificados aceitos na Europa, nos Estados Unidos da América e em outros países da América do Sul e do mundo. Suas normas de documentação são as mais utilizadas nas universidades e nas instituições que elaboram trabalhos de pesquisas técnico-científicas.

Escrevi sobre a ABNT, nesta apresentação, por julgar necessário se fazer justiça às normas dessa instituição, o que o professor Tarciso fez, no último capítulo de seu livro, convicto de que o *vinho melhor serve-se por último*.

Além disso, algum conteúdo pode parecer repetitivo, mas mesmo o sendo enquadra-se especificamente nos respectivos temas tratados, o que enriquece mais ainda o valor da obra.

Tratando-se de Metodologia Científica, quanto mais se repetir, melhor para leitores, alunos e alunas de graduação e pós-graduação assimilarem as regras principais de uso desta complexa disciplina.

É com satisfação que apresento o livro do Prof. Tarciso Leite. Não está ainda perfeito e o autor mesmo está convicto disso, mas representa um esforço importante de um docente pós-graduado de nossa universidade em, utilizando bem o tempo que a UNIFOR lhe reserva para pesquisa científica, produzir um livro que não se desmerece diante dos produzidos em outras universidades e regiões do Brasil e que, pelo contrário, supera, em muito, muitos trabalhos sobre a complexa ciência da Metodologia Científica que conhecemos.

Recomendo aos corpos docente e discente da UNIFOR e de todas as universidades, institutos e centros de estudos e pesquisa brasileiros a leitura e o estudo do livro ora apresentado, sobre metodologia científica de autoria do escritor, professor e pesquisador, Dr. F. Tarciso Leite.

Prof. Ms. José Martônio Alves Coêlho
Presidente do Conselho Administrativo Nacional
de Contabilidade e Diretor do Centro de Ciências
Administrativas – Universidade de Fortaleza – UNIFOR

Prefácio da segunda edição

A Metodologia Científica, se não for o tópico campeão de novos lançamentos editoriais, é um dos concorrentes mais fortes. São muitas editoras que têm títulos sobre esse assunto, em novas edições, edições antigas ou traduções. Além dos livros impressos, o tema enfrenta uma concorrência muito grande da mídia eletrônica, que traz centenas ou milhares de obras à disposição dos *internautas*. Por que, então, lançar mais um livro de metodologia científica já em segunda edição, quando a primeira foi feita há pouco tempo? A resposta a essa pergunta está na extensa experiência do autor.

O Dr. Tarciso Leite vem lecionando, há mais de 30 anos, essa disciplina para turmas de graduação, especialização e mestrado. Seu livro faz homenagem a muitos de seus discípulos, especialmente aos do Mestrado de Administração.

Já de início se nota uma diferença básica deste livro em relação com outros manuais, abundantes na internet, os quais, em sua maioria, dedicam-se a formas, normas e regras de estrutura dos trabalhos.

Aqui, porém, a primeira preocupação do livro é com a parte de Filosofia da Ciência que faz jus à sólida formação do autor nas Ciências Sociais.

Hoje, o mercado oferece uma série de *livros* que se dizem *necessários* porque chegam para "desmistificar" a Metodologia das dissertações e teses acadêmicas. Outros querem tornar a Metodologia uma linguagem hermética, afugentando os alunos que não passaram por cursos de Filosofia ou de Ciências Sociais. Seria bom que os livros e manuais desses dois grupos jamais fossem escritos, quer por desperdiçarem recursos da natureza, salvando algumas árvores que não se transformariam em páginas de livros, quer por contribuírem desnecessariamente para a congestão da *internet*, quando na forma digital.

O Dr. Tarciso evita os dois grupos: o da desmistificação e da linguagem hermética, para apresentar, já em seu primeiro capítulo, de forma simples, os conceitos de Ciência, Conhecimento e Pesquisa.

Tendo escrito anteriormente uma resenha sobre seu livro publicado na Revista Acadêmica de Ciências Administrativas, sugeri que numa segunda edição o autor deveria escrever algo mais sobre Epistemologia, que é uma necessidade premente para os trabalhos científicos de maior profundidade, mormente nas Ciências Sociais.

Fiquei surpreso quando me pediu para prefaciar sua obra em segunda edição e, mais surpreso ainda, quando vi que fui atendido não só no acréscimo de *algo* sobre Epistemologia (cap. I), como em vários outros subitens de seu trabalho como discrimino mais adiante. Compreende-se que uma teoria crítica epistemológica analisada deve ser: a) descritivamente significativa; b) interpretativamente plausível; c) fenomenologicamente expressiva; d) criticamente orientada e) eticamente esclarecedora.

Saliente-se que a Epistemologia, embora essencial para a Metodologia Científica, não seria tratada neste livro com mais profundidade ainda por razões específicas, semelhante ao que faz a Vergara (2002).[1]

No conjunto, a obra forma um livro escrito para um público tão diverso, como as turmas de graduação, especialização e pós-graduação *stricto sensu*, mestrado, doutorado.

Nota-se, desde o início, que o livro é escrito por um profissional devidamente treinado em Filosofia da Ciência, Teoria do Conhecimento e Ciências Sociais. Não é uma obra, como tantas outras escritas por orientadores de monografias, que resolveram transformar guias ou manuais de trabalhos de conclusão de curso em livros de Metodologia Científica. Esses manuais, embora úteis, não devem, nem podem, pretender ocupar o espaço de obras científicas. São roteiros de regras de instituições de ensino. A grande presença desses roteiros no meio acadêmico é a razão pela qual a área de Metodologia Científica acha-se, neste momento, infestada de Manuais e Livros, escritos por profissionais que não são especialistas no assunto, trazendo uma enorme confusão aos alunos que se iniciam na arte e na ciência da pesquisa.

---

[1] VERGARA, Sylvia C. *Projetos e relatórios de pesquisa*. São Paulo: Atlas, 2002.

Há subtemas que se referem à "Pesquisa e ciência", "Tipos de pesquisa-ação", "Seleção de leitura", "Métodos racionais", "Qualidade de uma boa amostra", "Probabilidade" que ficaram mais claros nesta segunda edição, publicada por uma editora ética e de grande responsabilidade cultural, a Editora Ideias & Letras. A numeração dos capítulos não segue estritamente as recomendações de uma norma da ABNT – NBR 6024, que trata da numeração progressiva das seções de um documento (ver p. 202 da 1ª edição), mas o autor apenas denomina de capítulo a primeira seção, o que predomina na tradição exegética e científica das ciências sociais, motivo que o levou também a enumerar os capítulos em algarismos romanos, e não como sugere a norma, em algarismos arábicos, fazendo com que os itens fossem numerados de uma forma alternativa. Mas os livros didáticos em geral fazem o mesmo, fugindo do que preceitua o capítulo XV do livro do autor, que trata exatamente das normas da ABNT.

Os capítulos de IV a VIII, intitulados respectivamente "Método científico e metodologia", "Amostragens probabilísticas e não probabilísticas em pesquisa", "Estatística em pesquisa", "Medidas e Atitudes" e "Confiabilidade e validade" são reservados ao estudo da parte quantitativa do projeto e da execução da pesquisa. São colocados de uma forma didática e com informações objetivas sobre as noções mínimas necessárias para orientação de professores, alunos e pesquisadores. Há muitos manuais de Estatística que cobrem bem esses assuntos. Não se espera num curso sobre métodos e técnicas de pesquisa que o aluno vá aprender Estatística Descritiva e Probabilidade, por exemplo. De qualquer forma, o livro do Prof. Tarciso Leite trata com mais propriedade assuntos do dia a dia daqueles que trabalham com pesquisas, como os critérios para escolha das diferentes escalas, aprofundamento nas questões da confiabilidade e validade das medidas, testes de hipóteses e amostragem.

Os capítulos iniciais, repito, traçam, com cuidado básico, os esboços fundamentais para o início de um bom trabalho científico: "Ciência, Conhecimentos e Pesquisa Científica"; "Pesquisas Especiais: Pesquisa-ação e Estudo de Caso"; "Leitura e sua Importância em Pesquisa", e "Método Científico em Metodologia". Chamam a atenção alguns capítulos que, segundo muitos alunos da graduação, são de extrema utilidade no início de seu trabalho; é o caso do capítulo sobre leitura e sua importância na pesquisa. Esse é um detalhe a que não se referem conhecidos livros de Metodologia Científica e que é fundamental para quem está no início de seu treinamento. Essas técnicas e orientações sobre produtividade na leitura cimentam todo o trabalho de pesquisa dos alunos não bem traquejados em iniciação científica.

É nos capítulos seguintes, denominados "A Pesquisa e seu Planejamento", "O Projeto de Pesquisa e "Análise e Interpretação", que a contribuição do autor acha-se mais explícita. Em cada um desses capítulos há uma combinação de discussão teórica e sugestões bem formuladas, úteis para os estudantes que começam seus projetos. Depoimentos de alunos sobre este livro indicam que esses capítulos traçam um roteiro certo para que se caminhe com segurança desde o anteprojeto até a "análise e interpretação dos resultados". São dicas valiosas de quem tem vivenciado a experiência da pesquisa por anos a fio.

Os capítulos finais tratam do "Relatório de Pesquisa", da "Monografia" (especialmente sua estrutura), da "Tipologia e Estrutura de um Trabalho Científico" e, importantíssimo, das "Normas da ABNT". Aqui, os pesquisadores podem encontrar uma estrutura segura de como fazer um relatório, de como estruturar as diversas espécies de monografia e, finalmente, um importante capítulo, que não havia na primeira edição, sobre "Ciência, Pesquisa e Tecnologia", o que é uma ausência constante na maioria dos livros dessa área.

Infelizmente, a multiplicidade de manuais descuidados que se encontram no mercado tem feito interpretações errôneas dessas normas, induzindo à descrença e desconfiança dos alunos com respeito a um mínimo de padronização necessária aos trabalhos científicos.

Pelo que averiguei, pois havia feito uma análise crítica da primeira edição, a pedido do Dr. Tarciso Leite, vi nesta nova edição, além do que já frisei, que ele:

– no capítulo que apresenta e analisa os tipos de "pesquisas descritivas", preencheu uma lacuna relacionada à *pesquisa de mercado*;

– no capítulo que trata de "Método Científico e Metodologia", ampliou o conteúdo sobre as técnicas auxiliares dos métodos: *questionário, entrevista e internet*;

– o capítulo sobre "análise e interpretação" foi complementado com análise interpretativa e *de conteúdo*;

– no capítulo sobre "Tipologia e Estrutura do Trabalho Científico" melhorou a parte visual e experimental com *modelos de capa e folhas* das "partes preliminares – *pretextuais*" – do trabalho científico: monografia, dissertação e tese;

– no capítulo que contém estudo e apresentação da "ABNT" e suas normas, completou as informações sobre algumas novas como a de NBR 14724, citada anteriormente.

Por isso é que não se pode deixar de dar as boas-vindas a este livro de Metodologia Científica, do Dr. Tarciso Leite, em segunda edição, que vem, definitivamente, prestar um ótimo serviço à comunidade acadêmica.

Finalizo dizendo aos sábios leitores acadêmicos que adquiram e leiam este livro e, se puderem e quiserem, enviem "críticas ou sugestões" ao autor para futuras edições, que, creio, se multiplicarão em breve tempo.

Dr. Francisco Correia de Oliveira
Post-Doctor/MIT/ Boston – USA
Vice-Presidente da Sociedade Brasileira
de Estudos, Pesquisas e Tecnologia – SBEPT
Editor e *Scholar Master* do CMA

Introdução

É de suma importância para os cursos universitários, de graduação ou de pós-graduação (*lato sensu* ou *stricto sensu*), a aprendizagem, por parte dos alunos, das normas ou da metodologia de pesquisa e de trabalhos científicos. No decorrer de seus cursos, os alunos são frequentemente chamados, incentivados e também obrigados a escrever diversos tipos de trabalhos acadêmicos, mas, poucas vezes, são chamados à atenção sobre os estilos e as formas corretas de redigi-los e estruturá-los.

Há necessidade premente de que aprendam as normas da Associação Brasileiras de Normas Técnicas, que mostram as regras básicas de como devem ser escritos e apresentados os trabalhos científicos. O início desse aprendizado está na obrigatoriedade da execução de suas micropesquisas e de seus documentos acadêmicos, visando difundir as normas e formas de sua estruturação, através da disciplina Metodologia Científica. Cada tipo de documento, desde um simples artigo, um trabalho acadêmico ou um livro, segue regras gerais, mas não deixa de ter, por sua natureza, algumas características específicas de normalização.

A situação do ensino da disciplina Metodologia Científica apresenta deficiência, não por incompetência dos professores ou dos alunos, mas, frequentemente, por alguns dos seguintes motivos:

a) Inadequação dos programas aos objetivos dos cursos.

b) Não exigências mais severas na seleção ou indicação de professores para a lecionarem.

c) Miscelânea de conteúdos de partes da disciplina, que têm uma lógica de sequência nas suas três subdivisões didático-científicas fundamentais, autônomas, embora interdependentes: graduação, *lato sensu* e *stricto sensu*.

d) Mudança frequente nas normas da ABNT – Associação Brasileira de Normas Técnicas – referentes a determinados conteúdos, o que prejudica a pesquisa, o estudo e o ensino da disciplina nas Universidades ou nos cursos do terceiro grau.

e) Pequenas e importantes controvérsias, "confusões e diferenças", encontradas nos livros que tratam do assunto. Os autores não são unânimes ao abordarem certos itens ou subdivisões didáticas do programa da disciplina como um todo, o que provoca celeuma entre professores e alunos.

f) Publicação de livros sobre a disciplina, por professores e alunos de mestrados ou doutorados, desprezando as mais simples exigências da *Metodologia Científica*.

A disciplina Metodologia Científica tem três grandes partes, apresentadas neste livro, cujo Projeto de Pesquisa foi encaminhado à CAPES (Coordenação de Aperfeiçoamento de Pessoal de Nível Superior) e ao CNPq (Conselho Nacional de Pesquisa) para a aprovação e execução através de bolsa de pesquisa, que são:

a) Iniciação à pesquisa científica ou trabalho acadêmico.
b) Métodos e técnicas de pesquisa, para especialização e pesquisas de campo.
c) Metodologia da pesquisa e do trabalho científicos.

Cronologicamente, essas três partes devem ser dadas, aprofundando-se mais a primeira na graduação, a segunda na pós-graduação *lato-sensu* e a terceira na pós-graduação *stricto-sensu*.

A iniciação à pesquisa ou ao trabalho acadêmico será um aperfeiçoamento do que foi visto em comunicação e redação no 2º grau.

Não desmerecendo os demais autores, cito como exemplos de livros apropriados didaticamente ao estudo da Iniciação à Pesquisa Científica, os dos Professores Galliano, Cervo e Bervian, e de Antônio Joaquim Severino.[1] Com relação ao conteúdo de Métodos e Técnicas de Pesquisa, deve ser mais voltado

---

[1] GALLANO, A. Guilherme. *O Método científico*: teoria e prática. São Paulo: Harbra, 1995, 200 p. CERVO, A. L.; ERVIAN, P. A. *Metodologia científica*, 3ª edição, Rio de Janeiro: McGraw-Hill, 1995, 249 p. SEVERINO, Antônio Joaquim. *Metodologia do trabalho científico*. São Paulo: Cortez, 1996, 256 p.

para o ensino teórico e prático da pesquisa, sua tipologia e seu uso profissional. Devem-se ensinar os métodos e as técnicas de elaboração e execução do Projeto de Pesquisas, variáveis, hipóteses. Vamos formar aqui pessoal pesquisador, técnicos capazes de elaborar um trabalho científico, como um artigo de revista ou jornal; de coordenar uma equipe de pesquisadores. Como exemplos de bom conteúdo, nesses temas, entre muitos, citamos os livros de Carlos Gil, Odília Fachin, Franz Rúdio Victor.[2]

A terceira parte da Metodologia Científica compreende a revisão das duas anteriores, da iniciação e dos métodos e técnicas de pesquisa e o aprofundamento científico da elaboração dos diversos tipos de trabalhos dissertivos, no mestrado, no doutorado e no pós-doutorado.

Deve priorizar também a reflexão e a crítica científicas e o aprimoramento no conhecimento, no domínio e na aplicação teórica e prática dos métodos e técnicas da pesquisa, da análise e interpretação de dados, e informações primárias e secundárias, da apresentação do resultado da pesquisa científica, em forma de Monografia, Dissertação ou Teses. Pode-se falar de pesquisa e ideologia, pesquisa comparativa e interdisciplinar e transmitir, com mais profundidade, as técnicas e os métodos de elaboração, avaliação e execução de Projetos, indo até mesmo ao estudo epistemológico e outros assuntos de profundidade científica, pois se trata de mestrado, doutorado. Como bons livros nesses assuntos temos, entre muitos, os de Page-Jones, Triviños, Lenina Bomeranz, Dércio Garcia, Pedro Demo.[3]

O objetivo essencial deste é apresentar os tópicos básicos da Metodologia da pesquisa e do trabalho científicos. Os objetivos auxiliares ou específicos estão ligados aos capítulos escritos: I – Ciência, conhecimentos e pesquisa científica. II – Pesquisas especiais: pesquisa-ação e estudo de caso. III– Leitura,

---

[2] GIL, Carlos. *Técnicas de pesquisa em economia*. São Paulo: Atlas, 1994, 196 p. Idem. *Como elaborar projetos de pesquisa*. São Paulo: Atlas, 1996, 159 p. FACHIN, Odilia. *Fundamentos de metodologia*. São Paulo: Atlas, 1995, 153 p. RUDIO, Franz Victor. *Introdução ao projeto de pesquisa*. Rio de Janeiro: Vozes, 1995, 123 p.

[3] PAGE-JONES, Meillir. *Gerenciamento de projetos:* uma abordagem prática e estratégica no gerenciamento de Projetos. Rio de Janeiro: McGraw Hill, 1996, 327 p. TRIVIÑOS, Augusto N. S. *Introdução à pesquisa em ciências sociais:* o positivismo, a fenomenologia e o marxismo. São Paulo: Atlas, 1992, 175 p. POMERANZ, Lenina. *Elaboração e análise de projetos*. São Paulo: Hucitec, 1995, 246 p. DEMO, Pedro. *Introdução à metodologia científica*. São Paulo: Atlas, 1996, 118 p.

como técnica mais importante da pesquisa bibliográfica e da aquisição de conhecimentos culturais e acadêmicos. IV – Método científico, metodologia e métodos quantitativos e qualitativos. V – Amostragens probabilísticas, não probabilísticas e estatísticas. VI – Estatística e Pesquisa. VII – Medidas de atitudes. VIII – Confiabilidade e validade. IX – A pesquisa e seu planejamento; X – Projeto de pesquisa e o Anteprojeto. XI – Análise e interpretação. XII – O Relatório. XIII – Monografia. XIV – Tipologia e estrutura do trabalho científico. XV – As normas da Associação Brasileira de Normas Técnicas – ABNT. XVI – Ciência, pesquisa e tecnologia. Há ainda um modelo de anteprojeto e dois modelos de fichas técnicas de pesquisa.

Como metodologia do trabalho, utilizaram-se as pesquisas bibliográfica e documental, nas quais se levaram em consideração os métodos da observação, descritivo, de análise e interpretação, a teoria qualitativa e a natureza, segundo Triviños, *estrutural e dialética-hermenêutica.*

Finalmente, como consequência, os objetivos alcançados e o trabalho em apreço: uma visão geral da *metodologia da pesquisa e do trabalho científicos*, para alunos dos cursos de graduação e pós-graduação em geral e para o uso de Mestres, Doutores e Escritores.

CAPÍTULO I

Ciência, Conhecimentos e Pesquisa Científica

Ao tratarmos de Metodologia Científica, devemos, antes de tudo, saber por que ela é uma ciência. Torna-se imprescindível saber, então, o que é uma ciência? O que é um conhecimento? Há muitos tipos de ciências e de conhecimentos? Qual a relação entre pesquisa, ciência e tecnologia?

Somente depois poderemos compreender melhor o conhecimento científico, a pesquisa, tecnologia, metodologia científica, ideologia, sua importância e suas relações recíprocas.

1. Conceito de ciência e tipos de conhecimentos

A ciência, a epistemologia nos ensina, é um *conjunto de conhecimentos específicos e sistematizados, com métodos, técnicas e objeto próprios*. Se é um conjunto de conhecimentos, o que é um conhecimento? É tudo o que aprendemos, assimilamos e transmitimos para os outros através da experiência, da razão, da reflexão e da fé. Daí aprendermos que há quatro tipos de conhecimentos: o que se baseia na experiência ou nos nossos sentidos (tato, olfato, audição, paladar e visão), denominado de conhecimento *empírico*; o fundamentado na razão, conhecimento *científico*; o que vem da reflexão, o conhecimento *filosófico* e, por fim, o conhecimento que é proporcionado pela fé, o conhecimento *teológico*. Logo, temos quatro grupos de conhecimentos provenientes do empirismo, da ciência, da filosofia e da religião. Diz-se que, didaticamente, só o conhecimento científico, alicerçado na razão, recebe o nome de ciência. Defendemos a tese de que todos os conhecimentos formam ciência e que essa divisão é realmente somente didática.

Mas, na realidade científica, esses quatro conhecimentos são interdependentes e se complementam, pois todos fazem uso da experiência, da reflexão, da fé e sobretudo da razão. Pelo conceito de ciência, vimos que é um "conjunto de conhecimentos", isto é certo para o conceito de ciência em geral, mas, para a definição de *uma ciência determinada, por exemplo, matemática, biologia, física, história, direito, economia, administração...*, há a necessidade de esses conhecimentos serem *específicos e sistematizados* e sobretudo terem técnicas e métodos próprios, particulares, sobre determinado ramo do saber. E, como podemos definir uma ciência, como, por exemplo, a Metodologia Científica, a Matemática, a Física, a Biologia, a Economia, a Administração?

Ensinam-nos os cientistas que há três métodos para se definir uma determinada ciência:

a) O *histórico-literário*. Com fundamento no estudo do que se escreveu sobre aquela ciência, nos trabalhos literários daqueles conhecimentos específicos e sistematizados, na literatura existente sobre a ciência pesquisada. Alex Inkeles diz que se pergunta: o que dizem os fundadores? Verificam-se os trabalhos dos predecessores, da pré-ciência, sobretudo dos criadores de uma ciência, dos sistematizadores de uma ciência específica.

b) *O empírico-observacional*. Esse se baseia no que se observa, o que fazem os cultores e profissionais daquela ciência. Nota-se o interesse geral e particular da ciência através das atividades dos que exercem determinadas profissões. Volta-se a atenção para o objetivo alcançado pelos que se interessam pelo objeto formal daquela ciência. Referindo-se à Sociologia, pergunta Alex Inkeles: o que estão fazendo os sociólogos contemporâneos?

c) *O analítico-tradicional*. O método analítico-tradicional de se definir uma ciência, sugere a Epistemologia, é partirmos do que nos ensinam os mestres, isto é, de conceitos já existentes. Ou, com fundamento na construção racional, dedutiva ou indutiva, dar a nossa própria definição. É o que quis dizer Alex Inkeles. Na verdade, perguntamos: o que é sugerido pela razão?[1]

---

[1] INKELES, Alex. *O Que é Sociologia?* Título do original em inglês: "What is Sociology? An Introduction to the Discipline and Profession". Tradução de LEITE, Dante Moreira. São Paulo: Livraria Pioneira. Coleção: Biblioteca pioneira de ciências sociais, 1995, 195 p.

Já sabemos como definir uma ciência. Vamos tentar agora conceituar a Metodologia Científica como ciência. Partindo de nosso conceito de ciência, dizemos que a "Metodologia é o conjunto de conhecimentos específicos e sistematizados com técnicas e métodos próprios".

Esse conceito é o da ciência em geral. Mas se acrescentamos o objeto formal específico de cada ramo da ciência (Economia, Direito, Antropologia etc.) estamos definindo essa ciência.

Por exemplo, Economia: "conjunto de conhecimentos, específicos e sistematizados, voltados para o estudo da escassez... ou que ensina o homem a utilizar os meios raros para satisfazer as suas inúmeras necessidades".[2]

O que é a Sociologia como ciência? Dizemos: é o conjunto de conhecimentos específicos e sistematizados, com técnicas e métodos próprios, que *estuda a sociedade humana, sua origem, sua evolução e as leis de seu desenvolvimento*.[3]

Assim devemos definir a Metodologia Científica como "o conjunto de conhecimentos específicos e sistematizados, com técnicas e métodos próprios, com o objetivo de estudar os princípios da prática científica e dos métodos de pesquisa que ela utiliza..., ou que estuda os métodos e técnicas de pesquisa de um determinado ramo da ciência".[4]

Para Pedro Demo, a Metodologia Científica é o "estudo das formas de se fazer ciência, dos procedimentos, das ferramentas e dos caminhos de se tratar a realidade teórica e prática para atingirmos uma finalidade científica". Para ele, a Metodologia Científica pode ser vista em duas vertentes, uma derivada da teoria do conhecimento e outra da sociologia do conhecimento. A primeira, para nós fundamentada na Filosofia da ciência, para Demo "centra-se no esforço de transmitir uma iniciação aos procedimentos lógicos do saber, voltada para a questão da causalidade, dos princípios formais da identidade, da dedução e da indução, da objetividade etc." A outra "é aquela filiada à Sociologia do conhecimento, que acentua mais o débito social da ciência, sem no entanto desprezar a outra".[5]

---

[2] Rousseau, Jean Paul. *Cours d'Economie Politique*. UCL – Université Catholique de Louvain – (Belgique): Apostila, 1965, 120 p.

[3] Comte, Auguste. *Cours de Philosophie Positive*. Paris: França, 1830-1842.

[4] Petit Larousse Illustré. Delta Larousse. Paris: 1991, p. 620.

[5] Demo, Pedro. *Introdução à Metodologia da Ciência*. São Paulo: Atlas, 1996, p. 19-23.

2. Pesquisa e ciência

Não pode haver ciência sem pesquisa e não pode haver pesquisa sem ciência. Essa frase já explica a grande importância da relação existente entre as duas, ciência e pesquisa. É através da pesquisa que a ciência progride e atinge os seus objetivos, de servir como instrumento de desenvolvimento do homem e sua sociedade.

A pesquisa pode ser realizada por qualquer tipo de conhecimento citado acima, mas, mesmo sendo usada pelos conhecimentos teológico, filosófico e empírico, não deixa de apelar para a razão, o raciocínio científico, logo para o conhecimento científico, isto é, para a própria ciência.

Interessa-nos conhecer melhor a pesquisa científica, que é a mais importante para a ciência.

Há vários tipos de pesquisa. Comecemos por definir o que seja pesquisa, para depois nos aprofundarmos na sua tipologia e analisarmos o que seja o *método científico*, usado pela pesquisa científica.

E, finalmente, veremos o que é ideologia, sua importância e relação com a pesquisa científica.

2.1. A investigação científica

Hoje, com a ajuda da paleantropologia, sabe-se que o *Homo sapiens* passou por um processo evolutivo que se assemelha ao de qualquer outro animal, com ramificações e demais espécies convivendo e competindo entre si. A antropologia, em seus tratados mais recentes, defende que o desenvolvimento humano é um processo com mais de seis milhões de anos de existência e que vem transformando o homem, ora de modo gradual, ora sob fases de inovações acentuadas. De acordo com Lewin, por volta de 45.000 anos atrás, o *Homo sapiens* desencadeou uma revolução criativa que decorreu em um desenvolvimento tecnológico acentuado. Trata-se de um período de desenvolvimento acelerado, da linguagem e da produção de ferramentas. Como consequência, viu-se na terra o rápido desenvolvimento da comunicação e da eficiência bélica. Nesse período, o homem, segundo o paleantropólogo, tinha em seu *habitat* competidores que não tiveram o mesmo sucesso evolutivo.

Correndo em raias paralelas, o *Homo erectus*, na Ásia, e o Homem de Neanderthal, na Europa e Oriente Médio, disputavam palmo a palmo a hegemonia do planeta. Com persistência e desenvolvimento criativo, a espécie da qual descendemos conseguiu o preparo, as ferramentas e a comunicação que forneceram o necessário para que pudesse difundir e impor o seu padrão genético em todas as regiões do globo. Não existem evidências suficientes para explicar como esse padrão foi consolidado, mas existe a certeza de que ele sobreviveu, e as demais espécies, não. O surgimento da cultura – primitiva para o presente, porém, avançada para a época – proporcionou grande vantagem para os que podiam articular uma comunicação eficiente e empregar tecnologia às ações ofensivas. O *Homo sapiens* foi, portanto, a primeira e única espécie animal a contribuir para a sua evolução, independentemente da seleção natural de que todos os outros dependem. Da condição demonstrada acima, a respeito do homem tal como agente do seu próprio desenvolvimento, conclui-se que, quando o homem diferenciou-se de seus parentes símios, determinou a espécie que dominaria as demais iniciativas no planeta. Todas essas conquistas devem-se ao emprego de métodos de investigação e experimentação, embora rudimentares a princípio, mas que foram capazes de estabelecer certo grau de desenvolvimento tecnológico. Através dos métodos de pesquisa e do domínio da tecnologia, a humanidade pôde evoluir para o nível encontrado nos dias atuais.

2.2. O processo de investigação

Como um dos processos mais primitivos da humanidade, a investigação, no contexto histórico, representa a capacidade criativa e o consequente estabelecimento do domínio humano na terra. Além da contribuição à espécie, a capacidade de investigar é observada nos indivíduos, desde a mais tenra idade. Um recém-nascido, em seus primeiros contatos com o ambiente, realiza a sua primeira pesquisa exploratória através do uso dos seus sentidos. Um pouco maior, a criança é cobrada a identificar pessoas, principalmente os pais. Depois lhes são apresentados objetos, úteis ou não, interessantes ou não, e de uma maneira geral ela é convidada a conhecer, dimensionar e classificar todas as coisas que a rodeiam. Após a elevação de sua maturação, a criança passa a considerar os objetos e lhes atribuir algum valor. No início do estágio escolar, aprende as primeiras regras de comunicação, de classificação das regras, dos símbolos e da forma de integração destes. Na alfabetização, aprende que o todo tem partes e que as partes se somam para, em seguida, convergir para um sentido próprio, o das palavras ou frases. Nesse momento crucial, o indivíduo define a sua capacidade para aprender ou não. Se consegue classificar e contar, será bem-sucedido nos estudos, caso contrário, não. O homem jamais irá se desfazer da sua condição de investigador. Alguns só investigam em situações inevitáveis, como em decisões corriqueiras. Outros o fazem por curiosidade, ao lerem artigos e livros de interesse pessoal. Outros realizam e se realizam com a pesquisa científica por atuarem como profissionais da área.

Um fato destaca-se no ato de investigar: a constante alternância entre a investigação quantitativa e a qualitativa. Do ponto de vista racional, a exploração consiste em apurar dois grandes movimentos: o de quantificação e o de qualificação. Existem outros movimentos decorrentes desses: os movimentos de redução, que ocorrem por oposição aos elementos quantificados; e os movimentos de generalização. Mas apenas os dois primeiros terão destaque neste texto, por se tratarem da temática em foco.

O movimento de qualificação ocorre quando o indivíduo observa o ambiente e investiga o tipo de objetos existentes nesse ambiente. Se há critérios de semelhança, será possível formar conjuntos desses objetos. O processo de agrupamento de objetos por critérios pré-determinados caracteriza-se em um processo de classificação. Logo, classificar, tipificar, é o mesmo que qualificar (no sentido de caracterizar).

Normalmente, após a classificação de um conjunto de objetos, surge a necessidade de quantificação dos mesmos. Por exemplo: caso o observador esteja investigando os carros que passam nas ruas brasileiras, ele pode, a princípio, questionar que tipos de carros trafegam pelas ruas e concluir que existem dois tipos: os nacionais e os importados. Em seguida, ele pode desejar avaliar quantos são os carros nacionais e quantos são os carros importados. No primeiro caso, o processo utilizado foi o de classificação dos carros em nacionais e importados. Em seguida, o processo foi de quantificá-los em quantos são os nacionais e importados. Logo, o que se observa é que, após um processo qualitativo, surgiu o interesse de realização de um processo quantitativo.

O que se pode concluir do que foi apresentado acima é que, em investigações sobre populações ou conjuntos de objetos, percebe-se a presença de um ciclo de processos que se alternam em qualitativos e quantitativos.

2.3. Pesquisa científica

Ensinam-nos os especialistas que todas as pesquisas são científicas. E o que é uma pesquisa científica? É a que usa o método científico ou tem por objetivo desvendar ou buscar, através dos métodos e das técnicas específicas, as soluções para os problemas do conhecimento em geral e, especificamente, das ciências. Segundo um conceito clássico, pesquisa científica é uma atividade ou um meio para elaborar teorias científicas, partindo do conhecimento empírico, da observação dos fenômenos ou fatos em geral, seja de qual natureza forem, naturais, socioeconômicos ou culturais.

Partindo dos fatos ou ocorrências observados ou já estudados, através do raciocínio ou dos métodos racionais de indução e dedução, elaboramos mentalmente leis. Essas nos conduzem a hipóteses científicas que, depois de testadas, experimentadas, generalizadas, confirmadas num sistema científico, tornam-se teorias científicas. A teoria que não é só uma formulação mental, intelectual e ampla do conhecimento ou de conhecimentos agregados, ou uma oposição ao que é prático, mas sobretudo "uma descrição hipotética que se torna válida e é, num momento determinado, a única explicação satisfatória, de fatos físicos ou fenômenos em geral. Se esta satisfação é, à luz da ciência, temos a teoria científica".[6]

A pesquisa científica é indispensável à formulação da teoria científica. Mas, para ser científica, é imprescindível que faça uso dos métodos e das técnicas científicas.

Resumidamente, uma pesquisa deve conter etapas de escolha do tema, definição de objetivos, processo (método e técnica) de coleta de dados e informações, processamento de dados, análise e apresentação de resultado. Esses itens compõem seu anteprojeto.

---

[6] *Dicionário de Ciências Sociais*. Rio de Janeiro: FGV, 1986, p. 1222.

Digamos que se queira realizar uma pesquisa sobre os cães criados em determinada área geográfica e que o objetivo seja identificar a proporção de cães de pequeno porte que existem na área. Portanto, as principais etapas da pesquisa seriam, em síntese:

• Na primeira etapa:
a) definição do problema e objetivo: a proporção de cães de pequeno porte existentes em Fortaleza;
b) processo de coleta: coletar dados em estabelecimentos veterinários locais;
c) processamento de dados: processar os dados coletados;
d) análise: interpretar os resultados da pesquisa à luz dos objetivos;
e) apresentação: relatório com os resultados da pesquisa.

• Na segunda etapa:
a) seleção dos tipos de dados existentes nas clínicas veterinárias, pois, normalmente, essas clínicas atendem tanto a cães como a gatos;
b) classificação entre os tipos de animais domésticos com base numa qualificação. Os cães representam a população de interesse na pesquisa;
c) comparação da quantidade de cães pequenos para avaliar quantos cães existem no total, para, em seguida, computar os cães de pequeno porte;
d) coleta e computação dos dados obtidos com o total de cães de pequeno porte existentes na cidade e, com isso, concluir a pesquisa.

Observa-se, nesse exemplo, a presença do ciclo de processos se alternando entre qualificação e quantificação, classificando:
a) Os animais em cães e gatos.
– Grupo A dos cães.
b) O total de cães.
– Total de cães.
c) Os cães de pequeno porte.
– Grupo de cães de pequeno porte.
d) Quantificam-se os cães de pequeno porte.
– Total de cães de pequeno porte.
– Proporção é igual ao total de cães de pequeno porte ou total de cães.

Fica claro, no exemplo, um fato que merece atenção: alternam-se os processos de classificação quanto à qualificação (tipo) e quanto à quantificação (soma e proporção), o que sugere a presença de um ciclo de classificação, em qualificações e quantificações, no raciocínio daquele que investiga. Esse fato traz complicações didáticas, tanto para os alunos como para os próprios autores de textos de metodologia, pois dificulta a classificação dos métodos.

2.4. Pesquisa científica e sua tipologia

O que é uma pesquisa? Numa visão simplista, respondemos que é a busca de alguma coisa. Em outras palavras: é a busca da solução de um problema. Se se busca alguma coisa, é porque aquela coisa vem trazer-nos a solução para algum problema, seja no sentido social, material, intelectual, filosófico ou religioso. Buscamos ou procuramos sempre o que vem satisfazer uma necessidade ou solucionar algo que nos preocupa.

A pesquisa num sentido genérico do conhecimento é, conforme nos ensina Franz Victor Rúdio, "um conjunto de atividades orientadas para a busca de um determinado conhecimento".[7]

Há uma infinidade de tipos de pesquisa, e, quanto mais se leem os autores e especialistas em Pesquisa, mais tipos encontram-se. Tentamos sintetizar os tipos encontrados quanto à natureza, à ideologia, ao conteúdo, à teoria, à prática, à descrição, ao local e à história.

• Quanto à natureza, pode ser qualitativa ou quantitativa.
• Quanto à ideologia: positiva, fenomenológica e marxista.
• Quanto ao conteúdo: teórica (pura) e prática (aplicada).
• Quanto à teoria: bibliográfica, descritiva, experimental e histórica.
• Quanto à prática: de campo, de estágio ou aprendizagem, e profissional.
• Quanto à descrição: de opinião, motivação, exploratória, documental, de estudo de caso.
• Quanto ao local: rural, urbana e institucional.
• Quanto à história: antiga, medieval, moderna e pós-moderna ou contemporânea.

---

[7] RUDIO, Franz Victor. *Introdução ao Projeto de Pesquisa*. São Paulo: Atlas, 1995, p. 9.

Para alguns autores, não há distinção entre pesquisa quanto à função e quanto ao conteúdo, pois toda pesquisa teórica é pura ou básica, assim como toda pesquisa aplicada ou de campo é prática. É o que nos ensina Dércio Garcia Munhoz, em seu livro *Economia Aplicada: técnica de pesquisa e análise econômica*. Aliás, Dércio nos cita ainda outros dois tipos, que seriam "quanto ao objetivo": "pesquisa profissional e pesquisa espontânea". E ainda classifica a pesquisa "quanto à amplitude: exploratória, *descritiva* e *experimental*".[8] Para nós, esta amplitude está inclusa nos tipos de pesquisas.

Rúdio apresenta uma série de tipos, subdivisões da pesquisa descritiva: de opinião ou de atitude, de motivação, de análise de trabalho, de estudo de caso e pesquisa documental.

Antônio Carlos Gil classifica as pesquisas em: exploratórias (levantamento bibliográfico e entrevistas), descritiva, explicativa, bibliográfica, documental (mais abrangente que a bibliográfica, sendo sua fonte a simples biblioteca), experimental, *ex-post-facto,* levantamento, estudo de caso, pesquisa-ação e participante.[9] A professora Vergara apresenta mais ou menos a mesma tipologia, fazendo a diferença entre a *pesquisa quanto aos finais* – exploratória, descritiva, explicativa, metodológica, aplicada e intervencionista – e *quanto aos meios* – de campo, de laboratório, documental, bibliográfica, experimental, *ex-post-facto*, participante, pesquisa-ação e estudo de caso.

Interessa-nos apreciar, com mais detalhes, os tipos de pesquisa mais utilizados e mais freqüentes em uso pelos especialistas, e, sobretudo, mais elaboradas e executadas pelos pós-graduandos, que são as pesquisas bibliográfica, descritiva, histórica e experimental.

Antes, definamos a pesquisa científica, sobretudo pesquisa bibliográfica, fundamento científico do Projeto de Pesquisa Científica.

---

[8] MUNHOZ, Dércio Garcia. *Economia Aplicada* – Técnicas de Pesquisa e Análise Econômica. São Paulo: Atlas, 1987, p. 29-33.

[9] GIL, Carlos. *Como Elaborar Projetos de Pesquisa*. 3ª edição, São Paulo: Atlas, 1994, p. 45-62.

3. Tipos básicos de pesquisas

A tipologia de pesquisa é muito vasta e complexa, o que frequentemente traz confusão ao estudioso, principiante da disciplina Metodologia Científica ou Metodologia da Pesquisa e do Trabalho Científicos. Alguns autores chegam a dividi-las quanto à epistemologia, à ideologia (Triviños, 1992, 43), à natureza, ao tipo, ao objetivo, ao fim (Vergara, 1995, 54); outros, quanto aos métodos, amostragem e técnicas, provocando uma confusão na mente dos principiantes.

Para simplificar, vamos dar apenas noções básicas dos principais tipos de pesquisa, os mais comuns e mais usados pelos pesquisadores nas diversas áreas e campos do conhecimento científico. Os tipos mais em uso nas Universidades, pelos professores e pesquisadores, são: a pesquisa bibliográfica, a pesquisa descritiva e suas subdivisões, a pesquisa histórica e a pesquisa experimental. Os outros tipos, como a documental, a exploratória e outras inúmeras, são auxiliares e complementares ou estão como subdivisões das citadas. Veremos outros tipos, como pesquisa operacional, pesquisa de mercado, pesquisa-ação, pesquisa descritiva, que não deixam de ser, também, auxiliares e complementares das pesquisas bibliográfica, descritiva, experimental e histórica.

Saliente-se que *os dois grandes tipos são a pesquisa teórica ou bibliográfica e a pesquisa prática ou de campo.*

3.1. A pesquisa bibliográfica

A pesquisa bibliográfica é o tipo de pesquisa que mais se usa entre os pesquisadores, por ter como fonte quase que exclusivamente os livros, a Biblioteca. Daí seu nome de *Bíblia (livro) mais grafia (discurso, escrita).*

Como defini-la? *A pesquisa bibliográfica é a realizada através do uso de livros e de documentos existentes na Biblioteca. É a pesquisa cujos dados e informações são coletados em obras já existentes e servem de base para a análise e a interpretação dos mesmos, formando um novo trabalho científico.*

A pesquisa bibliográfica é fundamental, pois, além de ser autônoma, isto é, independente das outras, serve de base, de alicerce para o fundamento e alcance dos objetivos dos outros tipos de pesquisa. Ela constitui a base também das próprias pesquisas descritiva e experimental.

Ela é de suma importância, sobretudo na primeira fase de formação do pesquisador, que Cervo e Bervian afirmam: "os alunos de todos os Institutos e Faculdades devem ser iniciados nos métodos e técnicas da pesquisa bibliográfica".

Defendemos que a primeira fase para formar pesquisadores acadêmicos é a graduação ou a fase da "iniciação à pesquisa científica". Os mesmos autores dizem que a pesquisa bibliográfica "constitui parte da pesquisa descritiva ou experimental, enquanto é feita com o intuito de recolher informações e conhecimentos prévios acerca de um problema para o qual se procura resposta ou acerca de uma hipótese que se quer experimentar". A pesquisa bibliográfica é um meio de formação por excelência.[10]

Para Odília Fachin, a pesquisa bibliográfica tem um grande e importante objetivo que é o de "conduzir o leitor a determinado assunto e à produção, à coleção, ao armazenamento, à reprodução, à utilização e à comunicação das informações coletadas para o desempenho de uma pesquisa específica". Informa, essa pesquisadora, que os primeiros trabalhos bibliográficos ou as primeiras pesquisas bibliográficas foram as obras *De vírus illustribus* de São Jerônimo (século IV) e a *Enciclopédia ou dicionário universal de artes e das ciências* de Diderot e D'Arembert (século VIII).[11]

3.1.1. Técnicas específicas da pesquisa bibliográfica

Entre as técnicas mais importantes da pesquisa bibliográfica, destacam-se o levantamento e a seleção bibliográfica, a leitura e o fichário.

No planejamento de uma pesquisa, o primeiro passo é formado, como veremos mais adiante, de duas atividades essenciais em pesquisa: a escolha e a delimitação do tema. O segundo, tão importante quanto o primeiro passo, é formado também por duas atividades básicas: levantamento documental e seleção bibliográfica, que formam as duas técnicas desse tipo de pesquisa. Como utilizar a bibliografia na pesquisa bibliográfica? Há mais duas técnicas

---

[10] CERVO, A. L.; BERVIAN, P. A. *Metodologia científica:* para uso dos estudantes universitários. 3ª edição, São Paulo: McGraw-Hill do Brasil, 1983, p. 55.

[11] FACHIN, Odília. *Fundamentos de metodologia*. São Paulo: Atlas, 1995, p. 102-104.

básicas para se realizar uma boa pesquisa bibliográfica: a leitura e o fichário. *Logo, temos quatro técnicas na pesquisa bibliográfica: o levantamento, a seleção, a leitura e o fichário,* indispensáveis para a coleta de dados e informações que serão posteriormente analisados e interpretados. Análise e interpretação são fases de um Projeto de qualquer pesquisa científica, e não técnicas específicas da pesquisa bibliográfica. Vejamos estas técnicas.

a) Levantamento bibliográfico

Em qualquer trabalho de pesquisa ou de metodologia científica, depois de escolhido o tema ou assunto a ser pesquisado, elaborado o Projeto, com os objetivos, a justificativa, a referência teórico-científica, as hipóteses e variáveis, se couberem, a metodologia ensina-nos que vem a elaboração do cronograma e do orçamento da execução da pesquisa ou do projeto de pesquisa.

Na bibliografia, devem ser catalogados todos os livros e documentos consultados por autor, gênero científico-cultural e literário, conteúdo temático, data e páginas.

Dessa técnica, resultam, segundo Antônio Joaquim, repertórios, boletins, catálogos bibliográficos. De posse desse levantamento bibliográfico, cujo objetivo principal é a classificação e descrição de livros e documentos, passa-se à segunda técnica da pesquisa bibliográfica, que é a *seleção bibliográfica*.[12]

b) Seleção bibliográfica

De posse da relação exaustiva de livros e documentos, vai-se selecionar ou fazer a seleção bibliográfica ou elaborar a bibliografia específica. Essa bibliografia especial é a que vai servir de base à leitura, essência de uma pesquisa bibliográfica.

A seleção bibliográfica tem como objetivo fundamental selecionar os livros ou trabalhos científicos que servirão de fundamento científico do "marco teórico" ou da "referência teórico-científica".

---

[12] SEVERINO, Antônio Joaquim. *Metodologia do Trabalho Científico*. São Paulo: Cortez, 1985, p. 73.

Teremos oportunidade de explicar melhor o conteúdo desse marco teórico, que tem de ser escrito no Projeto de Pesquisa e que serve para formar um capítulo à parte da pesquisa científica.

c) Leitura

A leitura é a técnica mais importante que o método e a pesquisa e o método bibliográficos têm para a consecução de seus objetivos.

Para tudo o que se realiza na vida, necessita-se de um plano, de uma programação ou de um planejamento. Ordenam-se as atividades a serem executadas na obtenção de qualquer resultado.

A pesquisa bibliográfica tem seu planejamento próprio. Após o levantamento da bibliografia, faz-se uma seleção dos livros ou trabalhos científicos a serem lidos.

Tendo-se o tema e o que se quer conseguir com a leitura, iniciamo-la, para conseguirmos as informações e os dados primários que serão posteriormente por nós interpretados e analisados.

Para realizarmos uma boa leitura, proveitosa e eficiente, seguem-se estes passos:

- seleciona-se toda a bibliografia;
- catalogam-se os livros de leitura imediata;
- preparam-se os fichários com as respectivas fichas, específicas;
- escolhe-se um bom lugar de recolhimento, com boa luz, sem muito barulho, e concentra-se na leitura.

Ao estudo da leitura dedica-se o capítulo seguinte.

d) Fichário

O fichário é uma "espécie de arquivo dos dados e informações" escritos, obtidos na leitura dos livros e documentos que serão os alicerces primordiais do conteúdo científico de uma monografia, dissertação, tese ou trabalho científico.

As fichas são de dois tipos: fichas de referência bibliográfica e de referência catalográfica.

Nas primeiras, as bibliográficas devem conter o sobrenome do autor (e nome), título da obra, tradutor (se houver) e a edição; local de publicação, editora, data e número de páginas.

O sobrenome do autor deve seguir a ordem alfabética, como em citações e relações de bibliografias. Elas se compõem de três partes: cabeçalho, referência bibliográfica e comentário, se para coleta de dados e informações; os fichários de resumos de assuntos têm também três partes: título (assunto, tema), referência bibliográfica e o resumo em si.

As segundas, fichas catalográficas, aquelas que são geralmente encontradas com seus dados e informações no verso de folha de rosto dos livros, servem de fundamento precioso para os interesses científicos do pesquisadores e das bibliotecas.

Convém salientar que, com o uso da informática, esses tipos de fichas podem ser acessadas, elaboradas e utilizadas nos próprios programas.

As professoras Odília Fachin e Teresa Lisieux Maia mostram, em seus trabalhos, modelos de fichas bibliográficas e catalográficas.[13]

Este último trabalho é uma síntese bem-feita e essencial, escrita para os alunos graduandos, universitários, como orientação na elaboração de suas pesquisas e trabalhos acadêmicos.

3.2. Pesquisas: histórica, descritiva e experimental

Há inúmeros tipos de pesquisa, genéricas ou subdivisões, mas, entre elas, destacamos a bibliográfica, a histórica, a descritiva e a experimental. A bibliográfica e a histórica são tidas como principais ou como auxiliares das outras. Todas elas podem ser puras, simplesmente bibliográficas, históricas (científico-teóricas), ou de campo, aplicadas (empírico-práticas).

3.2.1. Pesquisa histórica

O tipo de pesquisa histórica, como o próprio nome insinua, baseia-se na história e, geralmente, refere-se à coleta de dados e informações sobre acontecimentos, fenômenos ou fatos de interesse do pesquisador, envolvendo datas

---

[13] FACHIM, Odília. *Metodologia científica*. São Paulo: Atlas, 1995, p. 106-108. MAIA, Teresa Lisieux. *Metodologia básica*. Fortaleza: UNIFOR, 1994, p. 15-44.

(tempo), locais (espaço) e personagens ou coisa (objeto). Podem ter como fundamento científico a relação pesquisa-ideologia *(research-idea)* – positivista, fenomenologista e marxista – ou pesquisa-ação *(research-action)*, decorrente da pesquisa-ideologia, utilizada mais por pesquisadores (historiador, filósofo, antropólogo, sociólogo, administrador, economista, psicólogo etc.) a serviço ou a pedido de Governos, empresários, categorias ou classes trabalhadoras: líbero-capitalista, sociocomunista e sociossolidarista (humanista).

Essas, geralmente, referem-se a estudos históricos sobre realidades e fatos socioeconômicos, técnico-culturais e políticos do presente e, mais frequentemente, do passado.

Infelizmente, os autores que escreveram sobre Metodologia Científica pouco ou quase nada escreveram sobre a pesquisa histórica e sua tipologia.

3.2.2. Pesquisa descritiva

Pela importância e pelo uso da maioria dos pesquisadores, quer de ciências exatas ou sócio-humanas, a pesquisa descritiva merece destaque na tipologia dos métodos científicos.

O seu conceito é simples, pois é a pesquisa que se usa para descrever e explicar determinados fenômenos socioeconômicos, político-administrativos, contábeis e psicossociais, matemático-estatísticos e técnico-linguísticos.

As pesquisas descritivas, quando utilizadas pelas ciências naturais, biológicas, físico-químicas, astro-meteorológicas, usando ou não "experimentos", são denominadas de experimentais, exploratórias, explicativas.

Denominam-se também, a depender de seu objetivo, pesquisa de campo ou de laboratório.

As descritivas subdividem-se em cinco outras importantes denominações de pesquisa: pesquisas de opinião, de motivação, documental, estudo de caso e exploratória.

a) Pesquisa de opinião

A *pesquisa de opinião* é muito utilizada para se avaliar o que as pessoas (consumidores, eleitores e outros) têm a dizer sobre um determinado assunto, produto ou candidato.

Serve para se avaliar quantitativa e qualitativamente a aceitação ou rejeição do que os componentes do universo pesquisado pensam ou dizem sobre fatos ou fenômenos em geral, de interesse dos pesquisadores.

É conhecida pelos psicólogos e psiquiatras com o nome de *pesquisa de atitude*.

É muito importante para as instituições que desejam descrever comportamentos, verificar tendências, conhecer interesses, avaliar valores, descobrir falhas e poder assim determinar soluções para problemas individuais e coletivos.

Os especialistas de *marketing* usam muito a pesquisa de opinião não só para avaliar as opiniões dos consumidores sobre a aceitação dos produtos, sua qualidade e sua importância, como também para motivar seu consumo e para avaliar o fluxo dos mercados.

b) Pesquisa documental

Esse tipo de pesquisa é usado comumente e especificamente para colher dados e informações importantes na descrição de fatos ocorridos, de usos e costumes de povos, grupos e indivíduos, ou na apresentação do que foi descrito em documentos literários, científicos e culturais em geral.

A pesquisa documental não se confunde com a histórica, pois esta se refere mais a fatos, pessoas, tempo e espaços do passado.

É o tipo de pesquisa muito utilizado também pelos especialistas de *marketing* e pesquisadores do mercado.

c) Pesquisa de motivação

Os administradores, pedagogos e psicólogos sociais usam muito em pesquisa profissionais esse tipo de pesquisa descritiva, conhecida como pesquisa de motivação.

Servem para determinar quais os motivos que levam as pessoas ou os grupos a agir conforme interesses de lideranças ou instituições. Através dessas pesquisas, podem-se determinar os motivos que conduzem ou conduziram as pessoas a agir de determinada maneira em ocasiões circunstanciais, ou que motivos poderão levá-las a ter no futuro certos comportamentos de interesse geral, coletivos ou individuais.

d) Pesquisa de estudo de caso

A pesquisa de estudo de caso, às vezes, pode ser apenas um método ou uma técnica auxiliar de outro tipo de pesquisa, pode, em outras oportunidades, ser tipicamente uma pesquisa principal. Por exemplo no estudo descritivo de uma determinada pessoa, instituição, organização empresarial ou a de determinado grupo, ou fato, para uma análise de uma parte interessada a todos pelos cientistas iniciantes, quando realizam suas primeiras pesquisas, e pelos grandes cientistas, muito experientes, quando tentam realizar pesquisas em domínios científicos, antes nunca explorados.

Há autores que denominam também de pesquisa exploratória ou estudo exploratório a fase da pesquisa bibliográfica que vai desde o levantamento bibliográfico (documentação, uso da biblioteca, dos documentos bibliográficos e material de pesquisa) até a tomada de apontamentos e confecção dos fichários.[14]

e) Pesquisa exploratória

Como o próprio nome sugere, a pesquisa exploratória é a que explora algo novo, que frequentemente não é considerado ainda ciência, mas que serve de base à ciência. Baseia-se mais no empirismo. Os autores dizem que ela não elabora hipóteses e que é utilizada quando se tem poucos estudos e conhecimentos científicos sobre o tema. A pesquisa exploratória tem grande valor, pois serve de base a outros tipos de pesquisas, quando o tema possui bibliografia escassa. Aqui está seu fundamento científico.

f) Pesquisa de mercado

A pesquisa de mercado é do tipo pesquisa de opinião, porém se volta mais para o estudo do mercado, das necessidades dos consumidores ou da avaliação de instalação de uma empresa no mercado: local, consumo, produto, escoamento.

---

[14] CERVO, A. L. e BERVIAN, P. A. *Metodologia Científica*, op. cit., p. 78-85.

É uma pesquisa muito específica, muito utilizada pela área econômica, sobretudo pelos empresários e pelo setor púbico, quando têm interesse em estudar ou analisar o mercado e seus componentes: agentes, produtores, consumidores e outros.

A pesquisa de mercado era praticada nos países anglo-saxões, ampliando-se na Grã-Bretanha e estendendo-se até os Estados Unidos. Após a Segunda Guerra Mundial estendeu-se a quase todos os países adeptos do sistema de livre iniciativa e teve expansão a partir da produção em massa que distanciou produtor de consumidor. Sua finalidade era estudar os problemas de transferência, venda de bens e serviços do produtor ao consumidor e relações entre o produto e o consumo.

O progresso técnico possibilitou a produção em massa das mercadorias, distanciando assim produtor do consumidor. Esse foi o motivo pelo qual as indústrias deram importância a um levantamento do hábito de compra do consumidor.

Outra grande razão para a expansão da pesquisa de mercado foi o aumento da produção em massa, que possibilitou o baixo custo dos artigos por unidades, embora dificultando a distribuição dos produtos, sendo necessário, assim, realizar pesquisas com os consumidores sobre o tipo de mercadoria que eles preferiam.

Atualmente, baseada na opinião do público, é aplicada principalmente na economia, na propaganda, na pesquisa empresarial interna e do produto, tendo em vista vendas, consumidores e leitores.

As fontes estatísticas que fornecem dados muito importantes para o pesquisador e os levantamentos com entrevistas pessoais, postais ou telefônicas, são muito importantes para a coleta de dados e informações da pesquisa de mercado.

A qualidade do serviço está na reputação do pesquisador e depende exclusivamente da sua organização, habilidade, técnica, qualidade e de seus princípios científicos.

Como pesquisa descritiva, a pesquisa de mercado relata fenômenos, procura descobrir a frequência com que um fato ocorre, sua natureza, suas características, causas, relações com outros fatos; classifica, explica e interpreta os fatos.

Define-se pesquisa de mercado como:

o estudo dos problemas relativos a transferências e à venda de bens e serviços do produtor ao consumidor, compreende as conexões e relações entre produção e o consumo, a fabricação de produtos, sua distribuição e vendas no atacado e no varejo, juntamente com os seus aspectos financeiros... Consiste, especialmente, em coletas de informações disponíveis como para coletar, analisar e interpretar elementos censitários da distribuição, do consumo, examinando a contabilidade das empresas em geral (Guglielmo, 1978, p. 34).

Sendo assim, a pesquisa de mercado é baseada na opinião voltada para o estudo do mercado, em que verifica as necessidades dos consumidores, instalação da empresa, produtos, vendas, consumo, local e outros.

A aplicação da pesquisa de mercado é importante no campo da propaganda para conhecer os consumidores do produto para qual se quer fazer uma campanha (deve-se pesquisar, sobretudo, idade, sexo, condições econômicas, local onde moram e meio de comunicação mais utilizado por eles).

O anúncio de um produto, na televisão, no rádio, na internet, nos jornais e em panfletos é tão importante que, dependendo da sua forma de apresentação ao público, terá ou não sucesso de vendas. Por isso a importância, na propaganda, da pesquisa de mercado para avaliar o grupo para qual se quer vender um produto.

Como pesquisa interna da empresa, o empresário necessita saber como delimitar as zonas de venda, verificar se as vendas da empresa encontram-se acima ou abaixo do nível médio, saber quando necessita mudar a equipe de vendedores ou reorganizar os setores de vendas.

Tipos de pesquisa:

a) *Pesquisa de produto*
É uma pesquisa de campo. Quando a empresa tem em mira um novo produto, é possível investigar sua aceitação pelo público antes do início da produção. O motivo de tal precaução é óbvio: se verificar que o consumidor não está interessado pelo produto ou pela sua forma atual, muito dinheiro poderá ser economizado, dinheiro esse que pode ser investido em outros setores da produção (Adler, 1975, 15).

Geralmente, as empresas fabricam os produtos e fazem testes experimentais para saber a sua aceitação e a de suas embalagens, que influenciam os consumidores na hora da compra.

b) *Pesquisa de vendas*

Também é uma pesquisa de campo, em que se avalia a porção das unidades vendidas em determinado período e se realmente foram vendidas ou estão nas prateleiras.

Por que o fabricante deve procurar essa informação? Principalmente, trata-se de descobrir quantos artigos ele poderá vender no futuro, isto é, trata-se de prever suas vendas. Se seus produtos amontoam-se nas lojas e não são comprados pelos consumidores nas mesmas quantidades em que foram pedidos pelos varejistas, seguir-se-á uma saturação que acarretará numa queda de vendas (Adler, 1975,17).

c) *Pesquisa sobre o consumidor*

Interessa ao fabricante saber quem são os consumidores finais do produto. Essa pesquisa informa ao fabricante os hábitos de compra do público em relação aos produtos, quando e onde os compra e as classes de pessoas que não compram. Serve para o produtor saber como adaptar melhor seu produto ao mercado e através de qual meio de comunicação fará seu anúncio para ter bom êxito em suas vendas.

d) *Pesquisa no âmbito de leitores*

É publicitária e utiliza a pesquisa de mercado na análise de quantos leitores utilizam jornal e revista ou escutam rádio, podendo classificá-los conforme sua posição social, onde vivem, em qualquer município ou cidade.

Com essas informações fica mais claro saber que tipo de veículo escolher para melhor atingir o público.

A partir do advento da televisão, quanto à procura comercial, a pesquisa de mercado tem conseguido grandes progressos no modo correto de descobrir o número de espectadores, sua composição, de que gostam e de que não gostam. Sem a pesquisa, os patrocinadores de programas comerciais de televisão se veriam numa completa escuridão (Adler, 1975, 25).

e) *Fontes estatísticas para pesquisa*

Os dados estatísticos são muito importantes para os especialistas recorrerem a uma fonte sobre os habitantes por sexo e idade, profissão, famílias, moradias por região, lojas de determinada cidade, identificada por tipo e tamanho, dados financeiros, distribuição de renda ou classes sociais, consumo de produtos de primeira necessidade, proprietários de moradias, automóveis e eletrodomésticos; dados agrícolas: famílias rurais, renda, consumo de adubo, cabeça de animais; dados financeiros: quantidade de bancos, agências, caixa e depósitos; dados de saúde: quantidade de hospitais, postos, internações; dados complementares: quantidade de jornais, revistas, hotéis e outros.

Para se realizar uma pesquisa de mercado as melhores técnicas são:

a) *levantamento postal:* através de uma carta de esclarecimentos, deve ser breve com respostas curtas de SIM ou NÃO, ser impresso em bom papel, ilustrado com fotografias ou desenhos e com formulário ou questionário a ser preenchidos;
b) *levantamento telefônico:* é mais barato, baseia-se na lista telefônica de qual se escolhem números a intervalos iguais e funciona muito com um telemarqueteiro bem educado e bem preparado;
c) *entrevista:* é muito importante na pesquisa de mercado, quando planejada e feita com paciência e explicações adequadas;
d) *organização pesquisadora:* deve ter boa reputação, boa formação científica.

3.2.3. Pesquisa experimental

Muitos estudiosos restringem a pesquisa experimental a um outro tipo de pesquisa descritiva, mas nós a defendemos como um tipo genérico de pesquisa, pois serve não só para determinar a relação causal entre variáveis, paradigmas e fatos científicos (socioeconômicos, culturais, psicopedagógicos, contábil-administrativos) como para se analisarem fenômenos naturais, biofísicoquímicos e pessoais, biopsicossomáticos.

O fundamento da pesquisa experimental é o uso do "experimento" ou de uma "situação-controle" que serve de referência para o resultado da pesquisa.

Elton Mayo, grande defensor da escola de relações humanas de Administração, e muitos outros especialistas no campo das ciências psicopedagógicas, sócio-humanas, econômico-administrativas, biofísicas e químico-matemáticas, transformam suas empresas, instituições e salas de aula em laboratórios de pesquisas experimentais.

O importante é saber que o uso do experimento laboratorial é de suma valia na determinação de causa e efeito entre fenômenos naturais e fatos socioculturais.

Há estudiosos que acham que a "pesquisa de laboratório" é um tipo específico e principal de pesquisa descritiva.

A pesquisa experimental serve também para interpretações, análises e estudos comparativos, como os outros tipos de pesquisas.

CAPÍTULO II

Pesquisas Especiais:
Pesquisa-ação e Estudo de Caso

Aprofundando nosso estudo sobre os conceitos e os tipos de pesquisas – objeto do capítulo anterior –, percebe-se a ampla variedade de definições sobre a pesquisa científica aqui demonstrada e sua tipologia, existindo apenas alguns pontos essenciais de consenso entre os autores. O assunto torna-se então muito rico, uma vez que para realizar-se uma pesquisa científica não precisamos recorrer a apenas um desses tipos. Podemos mesclá--los de acordo com o problema, os objetivos e as hipóteses.

Mostramos, a seguir, mais algumas definições de pesquisa científica, assim como o que concebemos como *pesquisa-ação* e pesquisa *estudo de caso.* "O estudo de caso é muito comum entre os trabalhos acadêmicos, e a pesquisa--ação apresenta-se com algumas definições padrões de métodos e técnicas das pesquisas científicas."[1]

1. A pesquisa científica quanto à tipologia

Como visto no capítulo anterior há uma vasta tipologia da pesquisa científica. Apresentamos aqui outra classificação ou tipos de pesquisas científicas para outros autores, o que bem demonstra mais uma vez a complexidade da metodologia científica. Sintetizemo-la, para melhor assimilação, neste capítulo que

---

[1] LEITE, Francisco T. *Metodologia científica*. Apostila de pós-graduação. Fortaleza: UNIFOR, 2003, p. 46.

trata mais especificamente de duas importantes pesquisas que são: a pesquisa-ação e a pesquisa estudo de caso. Relembremo-nos também que o *estudo de caso* pode ser também utilizado como método e até mesmo como técnica de pesquisa.

Para conceituar com embasamento suas classificações, os diversos autores buscam racionalizar em cima de diversos parâmetros, tornando assim esse assunto bastante complexo. Segundo Mattar, as diferentes classificações de pesquisas podem ser definidas a partir das seguintes variáveis:[2]

– Quanto à natureza das variáveis pesquisadas: Pesquisas Qualitativas e Pesquisas Quantitativas. Nas pesquisas qualitativas, os pesquisadores não usam como base a utilização de instrumentos estatísticos para comprovar ou refutar todas as suas questões e/ou hipóteses estudadas. Ao contrário das quantitativas, em que há uma preocupação em mensurar os eventos estudados, medindo e quantificando os dados e buscando a precisão nos resultados.

– Quanto à natureza do relacionamento entre as variáveis estudadas: Pesquisas Descritivas e Pesquisas Causais: De acordo com o autor acima citado a diferença principal entre as duas está em seus objetivos. Enquanto a primeira responderá a questões iniciadas com "quem", "o que", "quanto", "quando" e "onde", a segunda possui apenas uma pergunta básica: "por quê?".

– Quanto ao objetivo e ao grau em que o problema de pesquisa está cristalizado: Pesquisas Exploratórias e Pesquisas Conclusivas. As pesquisas exploratórias são utilizadas geralmente por pesquisadores que estão iniciando o estudo de determinado tema, ou seja, são pouco estruturadas em seus procedimentos, e os objetivos ainda não estão totalmente definidos. As pesquisas conclusivas são estruturadas em seus procedimentos e os objetivos fechados com as questões e/ou hipóteses. O autor afirma que esse critério é o mais impreciso, pois todas as pesquisas apresentam uma parte inicial exploratória que ajudará na parte final conclusiva.

– Quanto à forma utilizada para a coleta de dados primários: os dados poderão ser coletados por entrevistas, questionários e observação, em que o pesquisado nada declara; apenas seus comportamentos são observados pelo pesquisador.

---

[2] Mattar, F. N. *Pesquisa de Marketing*. São Paulo: Atlas, 1996, p. 76.

– Quanto ao escopo de pesquisa em termos de amplitude e profundidade: as pesquisas podem ser diferenciadas em relação ao estudo representativo ou não de uma população, ou aos seus graus de profundidade.

– Quanto à dimensão no tempo: as pesquisas podem ser ocasionais ou instantâneas, se são realizadas uma única vez, mostrando o momento do problema estudado; ou evolutivas, se são realizadas periodicamente, demonstrando a evolução das variáveis estudadas.

– Quanto à possibilidade de controle sobre as variáveis em estudo: esse critério relaciona-se com o nível de controle e manipulação que o pesquisador mantém sobre as variáveis em estudo.

– Quanto ao ambiente de pesquisa: aqui a principal diferença será em relação à realização da pesquisa com sujeitos reais em condições ambientais normais para o problema em estudo, com sujeitos normais em condições laboratoriais ou com sujeitos irreais através da simulação em sistemas informatizados elaborados a partir da realidade.

Baseados na importância de as classificações levarem em conta todos esses critérios, e buscando clareza e objetividade para o nosso trabalho, classificaremos a Pesquisa Científica da seguinte forma:

– Pesquisa bibliográfica.
– Pesquisa experimental.
– Pesquisa histórica.
– Pesquisa descritiva.
– Pesquisa-ação.

A seguir, faremos uma breve explicação de cada uma delas, descrevendo com mais detalhes o *Estudo de Caso* e a *Pesquisa-Ação*.

2. Tipos de pesquisa-ação

De acordo com o definido no capítulo anterior, trabalharemos aqui com cinco tipos de pesquisa, sobre os quais faremos uma breve explicação.

• *Pesquisa Bibliográfica*: é a pesquisa realizada em bibliotecas, a partir de obras já existentes, como livros, jornais, revistas, dissertações e artigos científicos.

Podemos defini-la como a base para o alcance de outros tipos de pesquisa. Para Gil, a principal vantagem dessa pesquisa "reside no fato de permitir ao investigador a cobertura de uma gama de fenômenos muito mais ampla do que aquela que poderia pesquisar diretamente".[3] Lembra também a importância de utilização de fontes diversas por todos os pesquisadores, a fim de que se faça uma análise profunda das informações coletadas, podendo, então ser descobertas possíveis incoerências ou contradições.

• *Pesquisa Experimental*: de acordo com Gil a pesquisa experimental "consiste essencialmente em submeter os objetos de estudo à influência de certas variáveis, em condições controladas e conhecidas pelo investigador, para observar os resultados que a variável produz no objeto".[4] Devido ao alto poder do pesquisador em relação às variáveis, essa pesquisa não tem aplicação na área social por motivos técnicos e principalmente éticos. Segundo Richardson, os principais erros nesse tipo de pesquisa são:

– Existência de diferenças entre o tratamento do grupo experimental e do grupo de controle, produzindo resultados errados.
– Utilização de poucos casos produzindo erros amostrais.
– Definição de variáveis não suficientemente correlacionadas com a variável dependente.[5]

• *Pesquisa Histórica*: pesquisa que busca explicações em fatos ocorridos no passado, sendo necessário um grande trabalho bibliográfico e/ou documental. Além disso, segundo o Prof. Richardson, a pesquisa histórica "não está interessada em todos os acontecimentos desde a aparição do homem no mundo; ela se preocupa, particularmente, com o registro escrito dos acontecimentos. Os fatos ocorridos antes da aparição da escrita compreendem a pré-história, e essa é o campo de arqueólogos, antropólogos etc.".[6] Cita também que os principais erros que poderão incorrer nesse tipo de pesquisa são:

---

[3] GIL, Carlos. *Como elaborar projetos de pesquisa*. São Paulo: Atlas, 1995, p. 50.
[4] GIL, Carlos. *Métodos e Técnicas de Pesquisa Social*. São Paulo: Atlas, 1995, p. 34.
[5] RICHARDSON, Roberto J. *Pesquisa Social*. 3ª edição, São Paulo: Editora Atlas, 1996, p. 324.
[6] RICHARDSON, Roberto J. *Op. cit.*, p. 245.

– Escolha de um tema que não dispõe de evidências suficientes.

– Excesso de fontes secundárias, particularmente em estudos referentes a acontecimentos passados.

– Problema de pesquisa mal formulado.

– Inadequação na avaliação dos dados históricos.

– Viés pessoal nos procedimentos de pesquisa.

– Relatório que apenas registra fatos sem integrá-los a uma teoria.[7]

• *Pesquisa Descritiva*: usada para descrever e interpretar os fenômenos estudados, observando-os em sua natureza e em seus processos. De acordo com Ruiz "os dados obtidos devem ser analisados e interpretados e podem ser qualitativos, utilizando-se palavras para descrever o fenômeno (como, por exemplo, num estudo de caso) ou quantitativos, expressos mediante símbolos numéricos (como, por exemplo, o total de indivíduos numa determinada posição da escala, na pesquisa de opinião)".[8] A Pesquisa Descritiva pode aparecer sob diversas formas de pesquisa, que são:

– *Pesquisa de Opinião*: muito utilizada por especialistas em *marketing*, investiga preferências das pessoas em relação a determinado assunto, candidato, produto, loja etc., com o intuito de decidir a partir da pesquisa.

– *Pesquisa de Motivação*: utilizada para determinar razões e motivos que levaram pessoas a consumir determinado produto ou a agir de alguma forma específica em relação a eventos e/ou pessoas.

– *Pesquisa Documental:* pesquisa em que os fenômenos atuais são investigados a partir de quaisquer documentos, diferenciando-se da histórica, que investiga dados ocorridos no passado.

– *Pesquisa Exploratória:* como citado anteriormente, essa pesquisa propõe o estudo de problemas novos a serem explorados. Tem como objetivo dar ideias novas, construir hipóteses, possuindo assim estrutura bastante flexível. De acordo com Gil, na maioria dos casos, essas pesquisas envolvem levantamento

---

[7] RICHARDSON, Roberto J. *Op. cit.,* p. 323.
[8] RUIZ, Franz V. *Introdução ao projeto de Pesquisa Científica.* 28ª edição, Rio de Janeiro: Editora Vozes, p. 71.

bibliográfico, entrevistas com pessoas que tiveram experiências práticas com o problema pesquisado e análise de exemplos que darão suporte para a compreensão.[9]

Caracteriza-se, sobretudo, por pouca ou quase nula bibliografia existente e quase ausência de pesquisas sobre o tema.

– *Estudo de Caso*: caracterizado por ser um estudo intenso e profundo a respeito de qualquer assunto em relação a uma unidade social. O foco de estudo pode ser um indivíduo, um grupo social específico, uma comunidade ou uma organização.

Utilizando mais uma vez a lista de Richardson, a qual enumera os erros mais comuns nas diversas pesquisas, podemos enumerar os seguintes itens, em relação à pesquisa descritiva:

– Objetivos específicos pouco claros.
– Coleta de dados não adequada aos objetivos, não obtendo informação necessária para analisar o problema.
– Amostragem por ocorrência.
– Planos de pesquisa elaborados após a coleta de dados.
– Instrumentos mal elaborados.[10]

• *Pesquisa-Ação:* pode ser definida de acordo com Thiollent, que diz ser "tipo de pesquisa social com base empírica, que é concebida e realizada em estreita associação com uma ação ou com a resolução de um problema coletivo e no qual os pesquisadores e os participantes representativos da situação ou do problema estão envolvidos de modo cooperativo ou participativo".[11]

De acordo com as definições acima, detalharemos a seguir dois tipos de pesquisa, bastante diferenciados na utilização de suas técnicas, mas semelhantes na flexibilidade de estruturação, que são o Estudo de Caso e a Pesquisa-Ação.

---

[9] GIL, Carlos. *Como elaborar projetos de pesquisa*. São Paulo: Atlas, 1995, p. 45.
[10] RICHARDSON, Roberto J. *Pesquisa Social*. 3ª edição, São Paulo: Editora Atlas, 1996, p. 323.
[11] THIOLLENT, M. *Metodologia da pesquisa-ação*. São Paulo: Cortez Editora, 1994, p. 14.

3. Estudo de caso: definição

Com características de pesquisa qualitativa, o estudo de caso tem a finalidade de analisar profundamente uma unidade social. Poderia ser realizado dentro de uma organização, um estudo profundo e abrangente da complexidade de seus processos, por exemplo. Outra utilidade desse tipo de pesquisa, como sugerido por Gil, é nas pesquisas exploratórias, em que o estudo de caso pode ser realizado nas fases iniciais sobre temas complexos para a reformulação do problema ou definição das hipóteses. Da mesma forma, pode ser utilizado em pesquisas em que o problema já é bastante conhecido, podendo assim ser totalmente delimitado.[12]

Segundo Triviños, faz-se necessária a observação de duas características principais desse tipo de pesquisa:[13] a natureza e abrangência da unidade. Essa unidade pode referir-se a um indivíduo, como, por exemplo, uma pesquisa sobre o perfil cultural das mulheres de 40 a 50 anos, que não trabalham fora e são casadas com homens de renda superior a R$ 10.00,00 (dez mil reais). Entretanto, a pesquisa pode também abranger uma organização, uma cooperativa de consumo etc.

Os suportes técnicos servem de orientação ao trabalho do pesquisador, que deve decidir se a pesquisa irá enfocar apenas o momento do problema ou irá revelar a sua evolução durante um determinado tempo.

3.1. Tipos de estudo de caso

Citando Bogdan, Triviños descreve num de seus trabalhos alguns tipos de *estudo de caso* definidos pelo primeiro.[14] São eles:

Estudos de casos histórico-organizacionais. São estudos baseados na vida de alguma instituição. Devem ser levantados arquivos e documentos que expliquem a vida da organização em estudo.

---

[12] GIL, Carlos. *Como elaborar projetos de pesquisa.* São Paulo: Atlas, 1995, p. 59.

[13] TRIVIÑOS, Augusto, N. S. *Introdução à Pesquisa em Ciências Sociais.* São Paulo: Editora Atlas, 1992, p. 134.

[14] TRIVIÑOS, Augusto, N. S. *Introdução à Pesquisa em Ciências Sociais.* São Paulo: Editora Atlas, 1992, p. 134.

Estudos de casos observacionais: o estudo, nesse caso, poderá ser análise de alguma parte de uma organização, como, por exemplo, o processo de atendimento em uma loja. Nesse estudo a técnica de coleta de dados mais importante é a observação participante. Necessita-se, portanto, de total aquiescência do pesquisado, pois, segundo Richardson, na observação participante "o observador não é apenas um espectador do fato que está sendo estudado, ele se coloca na posição e ao nível dos outros elementos humanos que compõem o fenômeno a ser observado".[15]

O estudo de caso denominado *história de vida:* aqui o objeto de estudo seria a vida de alguma pessoa de importância social. Como técnicas de coletas de dados utilizadas nesse tipo de estudo, podemos citar a entrevista, como a principal delas, não só com a personalidade estudada, mas também com pessoas próximas a ela. Podem ser utilizados, também, estudos de documentos, jornais, revistas etc.

Por último, poderíamos citar o *estudo de caso situacional*, no qual se faz, por exemplo, uma análise de um momento dentro de uma organização, como em programas de demissão voluntária, questionando a opinião dos empregados que ficaram e sua disposição naquele momento, resultando em sugestões de melhoria para aquele ambiente de trabalho.

Entretanto, tratando-se de mais de um caso em estudo o ideal é que se use o bom senso. Em se tratando de dúvidas e pendências entre autores, "o melhor é, quando se tratar de dois ou mais casos, evitar o uso de *estudo de caso* e deixar a pesquisa como simplesmente bibliográfica, descritiva, exploratória, experimental [...] e restringir o seu uso quando se focalizar o estudo de um caso, não se correndo o risco de generalizar-se; neste caso, todas as pesquisas são *estudos de casos...*".[16]

3.2. Vantagens e desvantagens do estudo de caso como tipo de pesquisa

Como todos os tipos de pesquisa, o estudo de caso possui vantagens e desvantagens. De acordo com Gil podemos citar as principais vantagens:[17]

---

[15] RICHARDSON, Roberto J. *Pesquisa Social.* 3ª edição, São Paulo: Editora Atlas, 1996, p. 261.
[16] LEITE, Francisco T. *Metodologia Científica.* Apostila: UNIFOR, 2001, p. 29.
[17] GIL, Carlos. *Como elaborar projetos de pesquisa.* São Paulo: Atlas, 1995, p. 59.

– Estímulo a novas descobertas: sendo o estudo de caso um tipo de pesquisa em que o planejamento é flexível, durante o trabalho de investigação, podem surgir novos temas até mais importantes que o que esteja previamente definido.

– Ênfase na qualidade: devido à profundidade do estudo em um problema específico, geralmente esse é percebido com um todo, evitando assim julgamentos baseados na ideologia do pesquisador.

– Simplicidade dos procedimentos: as técnicas de coleta e análise de dados são, na maioria das vezes, mais simples que as utilizadas em outros tipos de pesquisa, assim como os relatórios têm uma linguagem mais acessível.

Como desvantagem principal, podemos citar a especificidade do estudo, dificultando assim sua utilização em um âmbito maior. Lembrado também por Fachin "quando desenvolvido por principiantes, os resultados podem deter-se mais em considerações do que em conclusões, porque, quando suas conclusões são abrangentes, não conduz à confiabilidade".[18]

Finalmente, enfatizamos a importância desse tipo de pesquisa citando Gil, que diz que "embora o estudo de caso se processe de forma relativamente simples, pode exigir do pesquisador nível de capacitação mais elevado que o requerido para outros tipos de delineamento".[19]

4. Pesquisa-ação

Assim como a pesquisa participante, a pesquisa-ação coloca-se como alternativa ao padrão de pesquisa convencional. Dadas como sinônimas por alguns autores, apesar de as duas possuírem a característica de interação entre pesquisador e pesquisado, vemos algumas diferenças, como bem coloca Thiollent, quando cita que a pesquisa-ação é uma forma de pesquisa participante, mas nem todas as pesquisas participantes são pesquisas-ação. De acordo com ele, apesar de a pesquisa participante ter-se preocupado bastante com o papel do pesquisador dentro da situação investigada, seus partidários

---

[18] FACHIN, Odília. *Fundamentos de Metodologia*. São Paulo: Atlas, p. 49.
[19] GIL, Carlos. *Como elaborar projetos de pesquisa*. São Paulo: Atlas, 1995, p. 60.

"não concentraram suas preocupações em torno da relação que é especificamente destacada em várias concepções de pesquisa-ação. A pesquisa-ação não é apenas pesquisa participante, é um tipo de pesquisa centrada na questão do agir".[20] A ênfase da pesquisa participante está mais no âmbito do pesquisador, enquanto a da pesquisa-ação está no pesquisado.

4.1. Definição

Segundo Thiollent, pode-se resumir que a pesquisa-ação é um tipo de pesquisa em que:

– Há uma ampla e explícita interação entre pesquisadores e pessoas implicadas na situação investigada.
– O resultado dessa interação deve ser a prioridade dos problemas que deverão ser pesquisados, e das soluções a serem encaminhadas concretamente.
– O objeto investigado não é constituído por pessoas e sim pela situação social e por problemas de diferentes naturezas encontrados nessa situação.
– O objetivo da pesquisa-ação consiste em resolver ou, pelo menos, em esclarecer os problemas da situação pesquisada.
– Durante o processo, há um acompanhamento sistemático das ações, decisões e todas as atividades das pessoas envolvidas na pesquisa.
– A pesquisa-ação não se limita à ação, tem também o objetivo de aumentar o conhecimento de todos os envolvidos na pesquisa, como também elevar o nível de consciência das pessoas em relação ao problema pesquisado.[21]

Portanto, uma característica importante desse tipo de pesquisa é que além de tratar de implementar soluções em relação aos problemas pesquisados, proporciona também a aquisição de conhecimento por parte de todas as pessoas envolvidas no processo, pois as informações colhidas no estudo estarão à disposição de todos. De acordo com essa afirmação, Thiollent afirma que, em relação aos objetivos de conhecimento alcançáveis através da pesquisa-ação, podemos citar:

---

[20] THIOLLENT, M. "Notas para o debate sobre a Pesquisa-Ação", in BRANDÃO, C. R. *Repensando a Pesquisa Participante.* São Paulo: Brasiliense, 1998, p. 83.
[21] THIOLLENT, M. *Op. cit.,* p. 16.

– A coleta de informação original acerca de situações ou de atores em movimento.

– A concretização de conhecimentos teóricos, obtida através de diálogo entre pesquisadores e pesquisados.

– A comparação entre o saber formal e saber informal diante da resolução dos diversos problemas.

– A produção de guias ou regras práticas para resolver os problemas e planejar as respectivas ações.

– Os ensinamentos positivos ou negativos quanto à conduta da ação e suas condições de êxito.

– As possíveis generalizações estabelecidas a partir de várias pesquisas semelhantes e através do acúmulo de experiência dos pesquisadores.[22]

4.2. Pesquisa-ação: aplicação

Fica clara, entre os autores pesquisados, a flexibilidade necessária à estruturação de uma pesquisa-ação. Entretanto, alguns autores propõem fases e sequências bem definidas. Achamos importante citar uma delas, como forma de entendermos a pesquisa-ação como um todo. Então, de acordo com Boterf, o modelo dessa pesquisa poderá ser definido em quatro fases, que são:

a) Montagem institucional e metodológica que consiste no conhecimento do grupo envolvido, em detectar apoios e resistências, e na coleta de todas as informações disponíveis. Esquematizando, teríamos:

– Discussão do projeto de pesquisa com todos os participantes.

– Definição do quadro teórico da pesquisa, composto por conceitos, objetivos, hipóteses e outros itens.

– Delimitação do espaço a ser investigado.

– Organização da pesquisa, distribuindo tarefas, procedimentos etc.

– Seleção e formação de pesquisadores ou grupos de pesquisa.

– Elaboração de cronograma de ações a serem realizadas.

---

[22] THIOLLENT, M. "Notas para o debate sobre a Pesquisa-Ação", in BRANDÃO, C. R. *Repensando a Pesquisa Participante*. São Paulo: Brasiliense, 1998, p. 41.

b) Estudo preliminar e provisório da região e população envolvidas que engloba:

– Identificação da estrutura social da população envolvida, reconhecendo grupos sociais existentes, que relações esses grupos mantêm, que ações realizam e que objetivos perseguem.

– Conhecimento do universo vivido pelos pesquisados, buscando descobrir seus valores, seus problemas, suas preocupações e os principais acontecimentos da sua história.

c) Pesquisa dos dados socioeconômicos e tecnológicos que deve ser sedimentada através da construção de:

– Quadro teórico, com o intuito de buscar os aspectos sociais, econômicos e técnicos do objeto de estudo (pessoas e região).

– Discussão, entre todos os envolvidos, do resultado desse estudo preliminar, promovendo uma linearidade entre todos os envolvidos, identificando os problemas prioritários para estudo de soluções e conhecimento da reação de todos frente ao levantamento realizado, orientando assim as fases seguintes da pesquisa.

– Análise crítica dos problemas priorizados: discussão crítica com os participantes sobre a definição do problema, reformulando-o mais objetivamente. Nessa fase também serão definidas as hipóteses de ação, quais serão de curto ou longo prazo, e a avaliação de seus resultados.

d) A elaboração e a execução de um Plano de Ação deve conter:
– As atividades educativas que permitam analisar os problemas e as situações vividas.
– As medidas que possam melhorar a situação estudada.
– As ações educativas que tornem possível a execução dessas medidas.
– As atividades que encaminhem soluções a curto, médio ou longo prazo, no âmbito desejado.[23]

---

[23] BOTERF, L. G. "Pesquisa participante: propostas e reflexões metodológicas", in BRANDÃO, C. R. *Repensando a Pesquisa Participante*. São Paulo: Brasiliense, 1998, p. 52.

Fica claro que neste tipo de pesquisa o processo de *feedback* é permanente entre pesquisadores e pesquisados.

Outro fato importante é que não é impossível aprender tudo em contato com a população pesquisada. Os pesquisados precisam estar bem preparados, da melhor forma possível, para definirem os problemas adequadamente. Por isso é importante a colocação de Thiollent quando diz que a pesquisa bibliográfica é necessária. "É possível, também, recorrer ao saber de diversos especialistas dos assuntos implicados, desde que tenham interesse em colaborar no projeto."[24]

Identificada com trabalhos populares, a pesquisa-ação, apesar de não obedecer à estruturação de outras pesquisas científicas, não perde seu valor, pois traz outra visão às pesquisas sociais. O alto grau de exigência aos pesquisadores em relação à dedicação e ao conhecimento das questões teóricas e práticas da investigação já se justifica por si só. Entretanto, o principal desafio da pesquisa-ação consiste, segundo Thiollent, "em produzir novas formas de conhecimento social e novos relacionamentos de ambos com o saber. Para enfrentar esse desafio, é claro que a pesquisa-ação precisa ser utilizada dentro de uma problemática teórica de orientação crítica e não apenas instrumental".[25]

---

[24] THIOLLENT, M. *Metodologia da pesquisa-ação*. São Paulo: Cortez Editora, 1994, p. 53.
[25] THIOLLENT, M. "Notas para o debate sobre a Pesquisa-Ação", in BRANDÃO, C. R. *Repensando a Pesquisa Participante*. São Paulo: Brasiliense, 1998, p. 103.

CAPÍTULO III

A Leitura e sua Importância na Pesquisa

A leitura é o fator mais importante na aquisição da cultura, dos conhecimentos científicos e tecnológicos. Torna-se imprescindível para se analisar seu conteúdo, estudar o texto, decifrar, explicar, interpretar, resumir, sublinhar, escolher os elementos mais importantes e significativos, logo, aprender e apreender o significado das palavras e utilizar o vocabulário assimilado. Para o professor, o estudante, o cientista e o pesquisador, é necessário saber o que torna uma leitura eficiente, o que leva o leitor a reter, captar e integrar os conhecimentos adquiridos numa leitura e até elaborar esquemas para aulas, exposições técnico-culturais e transmissão e aprendizagem dos conhecimentos científicos ou da própria ciência e da tecnologia.

Um leitor instruído e culto sabe como tirar o máximo proveito de uma leitura, principalmente daquela que é utilizada como técnica, instrumento sistemático da pesquisa científica, sobretudo da pesquisa bibliográfica. A leitura é considerada o maior e mais importante elemento, imprescindível aos que querem ser pesquisadores, obter e assimilar conhecimentos técnicos de forma científica, inteligente e racional, contribuindo assim para a evolução cultural e intelectual do ser humano, ou seja, da própria humanidade.

"Não basta ir às aulas", diz-nos o professor João Álvaro Ruiz, "para garantir pleno êxito nos estudos. É preciso ler e, principalmente, ler bem. Quem não sabe ler não saberá resumir, não saberá tomar apontamentos e, finalmente, não saberá estudar."[1] Acrescente-se: muito menos saberá pesquisar.

---

[1] RUIZ, João Álvaro. *Metodologia científica:* guia para eficiência nos estudos. São Paulo: Atlas, 1988, p. 33.

1. Principais tipos de leitura

Há inúmeros tipos e espécies de leitura. Diz-se que em geral há apenas quatro tipos mais importantes: o de *passatempo ou entretenimento*; *a informativa*, que nos traz notícias e informações gerais (jornais, revistas, rádio, televisão); *a cultural*, de captação de conhecimentos gerais, para se ampliar a erudição, a cultura; e *a científica*, específica, que conduz à pesquisa tecnológica e da ciência pura. As duas últimas exigem mais da metodologia científica, enquanto as duas primeiras não exigem muito esforço intelectual.

a) *Leitura de passatempo*: é aquela que se faz sem preocupação de gravar na memória alguma coisa, pois se assimila seu conteúdo sem preocupações. Ela é positiva no sentido de despertar o gosto pela leitura e incentivar ou criar no leitor o hábito de ler. Leva o indivíduo a se interessar e ampliar seus conhecimentos em determinado ramo da cultura do saber.

b) *Leitura informativa, de conhecimento geral*: para se tomar conhecimento do que ocorre no mundo, como exemplo as leituras de jornais e revistas em geral. São leituras de divulgação de ocorrências, em livros, jornais e revistas, sem muita metodologia. Não é uma leitura ainda dirigida para determinado tipo de conhecimento.

c) *Leitura cultural:* para ampliar conhecimento adquirido. Voltada para um conhecimento científico geral, superficial e uma tecnologia simples, que dá ao leitor oportunidade de ampliar seus conhecimentos, já adquiridos em cursos de pós-graduação *lato sensu*. É uma leitura que não exige muito rigor metodológico científico, embora exija certo conhecimento da pesquisa científica. Serve para ampliar o saber dirigido.

d) *Leitura de pesquisa científica e tecnológica*. Essa é voltada para a pesquisa e o rigor da metodologia científica e tecnológica. Amplia os conhecimentos dos sábios e lhes dá mais oportunidades de descobertas no campo dos conhecimentos teológicos, filosóficos e científicos. É a leitura dos sábios e cientistas no campo da saúde, de todas as ciências exatas, naturais e sociais.

2. A seleção da leitura

Escolher o livro certo que contenha seu objeto de estudo é uma etapa inicial que sem dúvida repercutirá na etapa final, a análise dos resultados. A habilidade do leitor facilita a escolha bibliográfica; no entanto, para aqueles que não fazem da leitura um prazer, as dificuldades encontradas serão maiores.

Alguns pontos devem ser observados para se realizar uma seleção correta: *O título da obra* é um referencial, contudo, nem sempre o título tem a ver com o conteúdo, servindo somente como destaque ou com objetivo de ganhar popularidade.

De início deve haver a preocupação com a *autoria* do livro, para saber se o autor representa papel fundamental e é responsável pelo conteúdo. Muitas vezes não se conhece a obra, mas o histórico do autor, suas contribuições científicas, seu estilo. Se o autor é especialista no assunto, isso já serve, em geral, de referencial e de constatação de qual obra possui ou não qualidade.

Detalhe minucioso da obra é outra alternativa no processo de escolha, verificar o *sumário*, quais os temas que serão abordados que provavelmente irão lhe interessar, fazer uma leitura na introdução que lhe possibilitará conhecer os objetivos e se as necessidades coincidem com as do leitor. Na introdução dá para descobrir o grau de dificuldade, se é um estudo de caráter introdutório, elementar ou aprofundado; as recomendações de outros autores possibilitam-nos medir de certa forma a confiabilidade da obra; as citações nos rodapés das páginas ou as referências a outros autores servem como abalizador, a bibliografia citada permite conhecer as fontes pesquisadas pelo autor para a elaboração de sua obra e perceber o grau de aprofundamento e seriedade da leitura; a editora, qual a linha de livros publicados anteriormente; a data da publicação e a edição. Algumas obras tornam-se obsoletas principalmente quando envolvem assuntos na área médica. Assuntos emergentes atualmente são outro fator muito importante, ler informações novas é um ponto diferencial entre pessoas. Há que se observar à qual conclusão o autor chegou baseado na pesquisa. Existe, também, leitura relâmpago, ler algumas páginas do livro para uns autores é recomendável, portanto não se pode determinar a qualidade da obra em virtude de partes soltas não representarem o pensamento do autor. Alguns leitores, porém, adotam essa técnica.

Indicações de amigos: muitas vezes compram-se livros baseados em sugestões de leitores habituáveis que avaliam assuntos e sugerem para amigos. Esse método é muito tendencioso, porque o tipo de leitura de um pode não coincidir com o de outro leitor, pois existem os românticos, os que apreciam ação etc.; a sugestão é de caráter subjetivo.

Um dos métodos produtivos da leitura consiste em dar a devida importância ao que está sendo lido. A familiarização com os assuntos é um fator estimulador; a partir do momento em que o conteúdo não seja do interesse do leitor, a absorção não acontecerá e assim o entendimento ficará comprometido. Consequentemente, as análises não representarão a verdade e as probabilidades de erro serão maiores.

3. Ambiente, tranquilidade e concentração

Por ser tão importante a leitura, quer como técnica ou instrumento da pesquisa bibliográfica, ou como meio de aumentar os nossos conhecimentos, informações, cultura científica e tecnológica, torna-se imprescindível *saber como selecioná-la, a velocidade com a qual se deve fazer isso e o ambiente onde se deve ler.*

Para o professor Artur Mendes, em trabalho policopiado de Mestrado de Administração: "Os critérios para a escolha dos livros devem estar relacionados com objetivos específicos da leitura a ser efetuada, e a seleção eficiente requer cuidados e atenção especiais, tendo em vista que irá interferir sobre os resultados esperados".[2]

A pressa é inimiga da perfeição até na realização de uma leitura.

O ambiente deve ser bem propício à concentração e ao bom aproveitamento da leitura. As condições de ambiente, da calma e da concentração são favoráveis ao bom aproveitamento da leitura.

A agitação interior dispersa a concentração, compromete a capacidade de raciocínio, aniquila a possibilidade de aprendizagem e torna a leitura um mero passatempo vazio de propósito.

É essencial que o leitor prepare todo o material de que fará uso durante o processo de leitura – papel, caneta e dicionário – tendo em vista a necessidade de se registrarem anotações e consultas, com o objetivo de obter resultados compensadores aos seus esforços.

---

[2] MENDES, Artur Linhares. *A Leitura e outros métodos e técnicas de aprendizagem científica.* Fortaleza: UNIFOR/MAE, 1999, p. 10.

4. O estudo do texto

No estudo do texto podem ser empregadas diversas formas que serão definidas pelo propósito da leitura.

Evidentemente que um texto sobre amenidades ou de entretenimento deverá exigir do leitor menos rigor na sua verificação do que se esse mesmo texto for analisado por um crítico especialista no assunto e com a responsabilidade de divulgar o resultado de seus estudos.

Constata-se que o propósito da leitura direciona e determina o grau de profundidade a que o texto ou obra serão submetidos por ocasião de sua apreciação.

Os pontos mais importantes que devem ser observados no estudo e na leitura do texto são: a unidade e a ideia central, os atos de sublinhar, resumir, esquematizar e comentar, o local tranquilo que favorece a concentração e o aproveitamento da leitura, sobretudo quando se quer comentá-la depois.

4.1. Unidade e ideia central da leitura

Para que a leitura seja proveitosa e possa atingir todos os seus propósitos é preciso que ela leve à aquisição de conhecimentos e à obtenção de um elevado grau de assimilação de seu teor, que possibilitem sua retenção e crítica, bem como a comparação de suas ideias, que leve à verificação e integração de conhecimentos, que contribuam com o desenvolvimento intelectual do leitor.

O propósito do estudo levará o autor a buscar no texto sua ideia principal que poderá também ser identificada em cada capítulo, ou até mesmo em cada parágrafo. Para tanto, deve empenhar-se em sua procura, já que isso o levará a conquistas essenciais na aprendizagem.

As palavras possuem valores diferentes dentro da unidade de leitura e as ideias deverão ser hierarquizadas à medida que se prossegue a verificação do texto, com a finalidade precípua de localizar a palavra-chave ou aquela ideia mais preponderante, que se sobressaia como principal e que possa levar ao entendimento do seu teor.

Para se identificar mais claramente a ideia principal de um texto, deve-se dividi-lo em unidades de leitura, ou seja, um capítulo, um parágrafo e outros, de modo que a decomposição facilite a análise do texto.

Cada unidade de leitura, por sua vez, também terá uma ideia central que culminará na compreensão geral do texto.

4.2. O ato de sublinhar

O sublinhar de palavras ou frases é uma técnica frequentemente utilizada pelos leitores, que, quando efetuada de modo inteligente, levando em consideração os objetivos traçados previamente, traz grandes benefícios ao processo de leitura.

Sublinhar requer leitura prévia do texto, de modo a destacar apenas as ideias básicas e seus pormenores mais significativos, já que, se o fizer indiscriminadamente, o leitor terá em seu campo visual uma profusão de destaques que em nada contribuirão para a compreensão do texto.

É importante que, ao sublinhar, o leitor tenha em mente sua natureza e finalidade e que, ao fazê-lo, possa, posteriormente, reconstituir sua mensagem através dos destaques efetuados, possibilitando uma leitura rápida como revisão geral do texto.

Portanto, é fundamental que o leitor sublinhe apenas o que é verdadeiramente importante para a captação, retenção e integração daqueles conhecimentos que julgar necessários ao seu crescimento intelectual.

4.3. Esquematizar e resumir

Com a finalidade de dar destaque aos propósitos da leitura, pode-se utilizar a representação gráfica do texto lido, obtendo desse modo vantagens significativas em termos de aprendizagem, já que o recurso permite ao leitor a visualização de seu teor, facilitando a captação do conteúdo, bem como sua recordação por ocasião de consultas posteriores.

O esquema pode ser elaborado com a utilização de chaves de separação ou listagem hierarquizada por espaços diferenciados ou subdivididos por numeração. Deve levar em conta a relação entre as diversas partes do texto, de modo a reproduzir com fidelidade o pensamento do autor.

É, portanto, função do esquema definir o tema do texto, dispondo suas partes de modo a torná-lo globalmente visível, de maneira simples e clara, mantendo a uniformidade na simbologia e observações, destacando títulos e subtítulos, que serviram de diretrizes à introdução, ao desenvolvimento e à conclusão do texto em estudo.

Outra técnica de grande auxílio no processo de aprendizagem, que consiste fundamentalmente na condensação do texto em seus aspectos mais significativos, chama-se resumo. No resumo são formulados parágrafos com sentido completo, nos quais as ideias do autor são preservadas com fidelidade, dispensando a leitura do texto em seu original por ocasião de possíveis consultas posteriores.

Para que se possa resumir um texto que torne possível a evocação de seu teor de forma rápida e eficiente, é fundamental que se tenha realizado uma boa leitura do mesmo, mantendo atitude de reflexão e crítica, de maneira que o leitor possa também expressar suas conclusões pessoais sobre o assunto estudado.

Na elaboração de resumos é aconselhável usar parágrafos curtos e objetivos, utilizando-se das ideias principais do texto, podendo recorrer também à transcrição de citações do próprio autor, no sentido de enriquecer seu trabalho; essas citações devem ser colocadas sempre entre aspas e mantendo as referências à fonte.

O resumo de uma leitura deve conter de forma sintética, além de outras minúcias, a apresentação do autor e do tema da leitura com sua ideia central – o que demonstra sua unidade –, o método utilizado pelo autor, a que conclusão chegou o autor e, finalmente, o ponto de vista do leitor sobre a obra e o autor.

4.4. Comentar uma leitura

Para interpretação ou análise de uma leitura ou dados coletados numa pesquisa, é imprescindível saber inicialmente comentar.

Comentar texto ou documentos históricos requer do pesquisador uma bagagem cultural, certa experiência e conhecimento prévio do assunto, e principalmente impessoalidade no que se refere a temas polêmicos e contraditórios aos nossos pensamentos. Isso requer certo esforço, uma vez que explicar o texto sem projetar e defender os próprios pensamentos não é fácil. A arte de comentar está intrinsecamente relacionada com a capacidade de comunicar-se adequadamente através da escrita, que nem sempre é tão comum.

O pesquisador deve ser um investigador que pretende, através do estudo das informações colhidas, repassar resumidamente o assunto para aqueles que desejam conhecer um pouco do que se trata o livro. Comentários longos e repetitivos devem ser evitados; clareza e objetividade são qualidades do comentador. Desaconselham-se textos ou parágrafos demasiadamente longos que cansem os leitores.

Apesar de conhecer os benefícios oriundos da leitura, observa-se que a grande maioria não possui essa qualidade que proporciona aquisição de cultura. A dificuldade que as pessoas têm de se educarem para a leitura é um fato que representa, de forma considerável, perdas na produção e na qualidade dos trabalhos. A leitura é o instrumento mais importante para o aprendizado e para a aquisição da cultura, e sobretudo para a aquisição e o aumento do conhecimento científico.

Para a disciplina de Metodologia Científica, a leitura representa o primeiro e o principal passo instrumental na elaboração e execução de projetos e de pesquisa de qualquer tipo de trabalho científico.

5. Dificuldades na leitura

Os textos nem sempre são claros e objetivos. É preciso buscar as ideias que o autor deseja transmitir através de suas palavras. Alguns autores escrevem de forma mais rebuscada, discorrem parágrafos inteiros para afirmar pensamentos, restando ao leitor descobrir as ideias principais, para a partir disso tirar as conclusões a respeito do tema. Contudo, é preciso fazer um estudo detalhado da obra inteira, pois nem sempre partes soltas representam o sentido completo do pensamento do autor.

Levantar os elementos mais importantes do texto não é uma tarefa das mais fáceis, principalmente porque ler, sem se preocupar com que se está lendo, é o que chamamos de leitura mecânica, ou seja, sem se preocupar com os propósitos da leitura. À medida que a busca pelas ideias principais torna-se um hábito, o entendimento da leitura fica acessível. Pode-se afirmar que a partir do momento em que o leitor entendeu o pensamento do autor aconteceu uma comunicação indireta. Cabe ao leitor, dependendo do seu grau de dificuldade em captar a leitura, empregar algumas técnicas que provavelmente facilitarão a aquisição da compreensão geral do texto.

6. Como tirar proveito da leitura: técnicas

Para que uma leitura seja proveitosa e produza o esperado, é importante levar-se em consideração algumas recomendações como as que seguem:

– *Descobrir a natureza do texto*, de que se trata, qual o assunto apresentado, se é uma carta, um contrato, uma obra literária, um texto científico. Cervo (1996, p. 223) aconselha que o leitor deve deixar o "texto falar".
– *Utilizar sempre um bom dicionário* para localizar palavras desconhecidas. Algumas vezes no próprio contexto nos é permitido entender sem consultar qualquer fonte, contudo a busca pelo sinônimo ou significado trará enriquecimento para ser posteriormente usado tanto em dissertações como no cotidiano.
– *Destacar palavras ou expressões* que no seu entendimento representem pontos-chaves do pensamento do autor somente a partir da segunda leitura; diferenciar o que é principal do secundário é uma tática importante; e principalmente perceber como as ideias se relacionam.
– *Escolher lugar apropriado para a leitura*. A leitura deve ser feita em ambientes acolhedores e silenciosos, com iluminação suficiente para um bom aproveitamento do conteúdo do texto.
– *Concentrar-se somente na leitura* de modo que não se possa servir a dois senhores ao mesmo tempo (ler e assistir à televisão, por exemplo).
– *Distinguir componentes importantes,* como fatos, coisas reais, de hipóteses (suposições) e problemas.
– *Investigar considerações* sobre fatos históricos desconhecidos pelo leitor e que provavelmente representem e estejam vinculados com o pensamento do autor.
– *Ser constante na leitura*, proceder a leitura integral. Não se pode entender uma obra lendo alguns capítulos, menosprezando parágrafos; a constância permite uma visão geral do todo.
– *Refazer a leitura* ou reler as concepções formuladas na primeira leitura e dirimir alguma dúvida existente.
– *Fazer pausas e intervalos,* tentar com outras palavras, através da compreensão individual, transmitir as mesmas ideias do parágrafo concordando ou não com o ponto de vista apresentado, provocando a si próprio e criando o hábito da reflexão.

– *Hierarquizar e representar graficamente* as divisões e subdivisões por ordem de importância, amparado por uma sequência lógica, é uma forma de condensar as informações. A vantagem de utilizar esquemas é proporcionar uma visão geral do conteúdo aos mais apressados.

– *Elaborar esquemas*. Esquematizar é simplesmente relacionar assuntos que mantenham dependência e subordinação uns com outros. O cuidado com a representação deve ser extremo, simplesmente porque deve transmitir fielmente a ideia do texto. Segundo Galliano (1987, p. 70), "o esquema é um instrumento de orientação e possui características dinâmicas e flexíveis, o aprofundamento de leituras sobre o assunto pode levar a modificações na montagem, visto que conhecimentos novos foram adquiridos, e torna-se indispensável atualizá-lo uma vez que não representa mais a realidade tornando-se antigo e inviável". Há diversas formas de se esquematizar; a montagem do esquema cabe à decisão do autor, que escolherá a melhor forma de representar e facilitar a compreensão. Para elaborar esquemas é fundamental que se conheça o texto, devendo-se partir dos temas principais para os secundários. Vale ressaltar que o excesso de subdivisões em geral pode trazer dificuldades e confusões.

– *Explicar detalhes*. É uma das fases de análise e um dos momentos do processo reflexivo, requer atenção redobrada porque nem sempre as ideias do autor estão explícitas ou organizadas. Cabe ao pesquisador extrair de forma lógica e sequenciada as ideias que possuem ou não relação de interdependência.

– *Resumir ou escrever resumos*. O resumo é uma síntese limitada das ideias centrais do texto. É também, além de um esquema, uma forma de apresentar conteúdos. É uma técnica usada no processo de aprendizagem, contudo deve representar as principais ideias defendidas pelo autor. Não se fazem resumos eficientes com leituras mecânicas; é vital que se compreenda o que se está lendo para que se possa retirar o melhor do texto. A fidelidade às ideias é um pré-requisito indispensável, porém não é errado o leitor apresentar seu ponto de vista, defender suas ideias, desde que esclareça a quem pertencem. Não se deve fazer do resumo uma prática constante. O leitor deve elaborar o resumo levantando sempre as ideias principais, obedecendo ao esquema de apresentação do livro e suas anotações feitas durante a leitura, não se atendo a detalhes, sendo objetivo sem ocultar fatos importantes. Pode também fazer citações para enriquecer o trabalho; utilizar a palavra resumo já significa sintetizar. Resumir o livro todo carece de mais treinamento; o leitor pode resumir o livro em partes, parágrafos, capítulos ou, se preferir, a obra toda, inclusive a conclusão.

– *Analisar e interpretar a leitura*, a última etapa do processo reflexivo. O comentador deve examinar a influência e a intensidade com que determinadas informações foram responsáveis pelo resultado encontrado.

Para autores como o prof. Antonio Joaquim Severino (1999, p. 146 e 147), entender textos, analisá-los ou interpretá-los depende muito da capacidade intelectual e da motivação da leitura. Ensina-nos "que texto-linguagem é o código que cifra a mensagem pensada pelo autor" e seu raciocínio é "o momento amadurecido do pensamento".

O texto é uma confissão do pensamento do autor, é uma conversa em que o autor indistintamente colabora com o nosso intelecto, e quanto mais o exercício dessa atividade torna-se frequente maior a capacidade de compreender. Compartilhar do pensamento de terceiros é um privilégio; portanto, possuir um pensamento crítico, capaz de concordar e discordar das opiniões, é fundamental para o engrandecimento cultural. É interessante que a ideia pessoal seja formada não pela repetição de pensamentos alheios, mas pela capacidade de filtrá-los, de interpretá-los, de acordo com o nosso conhecimento empírico, filosófico, teológico e científico.

CAPÍTULO IV

Método Científico e Metodologia

As maiores dificuldades que encontram os alunos da pós-graduação em seus trabalhos científicos, sobretudo ao elaborarem seus projetos de pesquisa, de monografia ou de dissertação de mestrado, relacionam-se no descrever da metodologia, das hipóteses e do fundamento científico ou marco teórico.

A mais séria dificuldade está na elaboração da metodologia, sobretudo para o mestrando ou o especializando de Economia, de Administração e de outras ciências sociais e exatas, acostumados ao raciocínio quantitativo.

Do ponto de vista antropológico, podemos dizer que sempre existiu preocupação do *homo sapiens* com o conhecimento da realidade. Foi assim que, através de mitos e lendas, as tribos primitivas explicaram os fenômenos que cercam a vida e a morte, o lugar dos indivíduos na organização social, seus mecanismos de poder, suas crenças.

Dentro de dimensões históricas emocionais até os dias atuais, a filosofia, as religiões e a psicologia têm sido poderosos instrumentos explicativos dos significados da existência individual e coletiva.

Na sociedade ocidental, no entanto, a ciência é a forma hegemônica de construção da realidade, considerada por muitos críticos como um novo mito, por sua pretensão de promotor e critério de verdade. No entanto, continua-se a fazer perguntas e a buscar soluções, entre outras, para razões de ordem externa, ou seja, tentando responder a questões técnicas e tecnológicas postas pelo desenvolvimento industrial. Outras de ordem interna consistem no fato de os cientistas terem conseguido estabelecer uma linguagem fundamentada em conceitos, métodos e técnicas para a compreensão do mundo, das coisas, dos fenômenos, dos processos e das relações.

O campo científico, apesar de suas normas, é permeado por conflitos e contradições. E para nomear apenas uma das diversas controvérsias, cite-se o grande embate sobre a cientificidade das ciências sociais, em comparação com as ciências da natureza.

O homem não age diretamente sobre as coisas. Sempre há um intermediário, um instrumento entre ele e seus atos. Isso também acontece quando faz ciência, quando investiga cientificamente. Ora, não é possível fazer trabalho científico sem conhecer os instrumentos. E estes constituem-se de uma série de termos, conceitos que devem ser claramente distinguidos, de conhecimentos a respeito de atividades cognoscitivas que entram na constituição da ciência, de processos metodológicos que devem ser seguidos, a fim de chegar-se a resultados de cunho científico e, finalmente, é preciso imbuir-se de espírito científico.

O conhecimento científico vai além do empírico, procurando conhecer, além do fenômeno, suas causas e leis.

Na opinião de Aristóteles, o conhecimento só se dá de maneira absoluta quando se sabe a causa que produziu o fenômeno e o motivo, porque não pode ser de outro modo; é o saber através da demonstração (Cervo e Bervian, 1983:8).

Atualmente, a ciência é entendida como uma busca constante de explicação e soluções, de revisão e reavaliação de seus resultados e tem a consciência clara de sua falibilidade e de seus limites. Por ser algo dinâmico, a ciência busca renovar-se e reavaliar-se continuamente.

A ciência é um processo de construção, que atualmente se utiliza de diversos métodos, a fim de investigar e demonstrar a verdade, pois o método depende do objeto da pesquisa.

A atual fase é a da técnica, da precisão, da previsão, do planejamento. Deve-se disciplinar o espírito, excluir das investigações o acaso, adaptar o esforço à exigência do objeto ou do fato a ser estudado, selecionar os meios e os processos mais adequados.

Ensina Pedro Bervian exaltando a importância dos métodos e das técnicas de pesquisa: "A arte de descobrir a verdade é mais preciosa que a maioria das verdades que se descobrem".

O método é apenas o conjunto ordenado de procedimentos que se mostram eficientes na busca do saber (Cervo e Bervian, 1983:24).

A pesquisa é uma atividade voltada para a busca de soluções ou respostas de problemas através do emprego de processos científicos. Há inumeráveis tipos de pesquisa, como visto no capítulo I, tendo cada um deles, além do núcleo comum de procedimentos, suas peculiaridades próprias. Entretanto, uma das fases decisivas da elaboração de um trabalho científico é deveras relevante: a coleta e o registro de informações. É tarefa que exige paciência, perseverança e obediência às técnicas especiais.

O rigoroso controle na aplicação dos instrumentos de pesquisa é fator fundamental para que se evitem erros e defeitos resultantes de dados dissociados da realidade.

São vários os procedimentos para a realização de coleta de dados que variam de acordo com as circunstâncias ou com o tipo de investigação. Em linhas gerais os principais métodos e as técnicas mais importantes de pesquisa estão neste capítulo.

Os instrumentos de coleta de dados, técnicas propriamente ditas de largo uso, são a entrevista, o questionário, o formulário e a internet.

No presente capítulo, pretende-se esclarecer o que é *metodologia*, o que é um *método*, o que é o *método científico* e sua tipologia ou *quais os principais métodos* utilizados pelas ciências em geral, pelas sociais aplicadas e, sobretudo, como redigir uma *Metodologia* num projeto de pesquisa, além de técnicas auxiliares, usadas como instrumentos de coleta de dados e informações.

1. Conceitos de método científico e sua tipologia

O que é um *método*? Como definir o *método científico*? Como distinguir a palavra *metodologia* do conteúdo da *metodologia de um projeto* de pesquisa?

O método é um caminho composto de várias fases a serem vencidas para atingir um determinado objetivo. Pelo menos esta era a semântica grega da palavra ou termo *methodos*.

O professor Guilherme Galliano, em seu livro *O Método Científico*, adverte os estudiosos e os alunos para não se preocuparem com os sentidos diferentes que os dicionários apresentem da palavra *método*. Indo-se às mesmas fontes do mestre Galliano, citam-se Antenor Nascentes, Aurélio Buarque de Holanda e Cândido de Figueiredo. Para este, método é um conjunto de processos racionais para fazer-se qualquer coisa ou obter-se qualquer fim teórico ou prático.

O professor Antenor Nascentes conceitua o método como "conjunto dos meios dispostos convenientemente para se chegar a um fim desejado".

E Aurélio Buarque define-o como: "Um caminho pelo qual se chega a um determinado resultado, ainda que esse caminho tenha sido fixado de antemão, de modo deliberado e refletido".[1]

É de bom senso a definição do mesmo Galliano que diz: "Método é um conjunto de etapas, ordenadamente dispostas, a serem vencidas na investigação da verdade, no estudo de uma ciência para alcançar determinado fim".[2]

1.1. Método científico

Método científico é todo e qualquer tipo de método colocado a serviço do conhecimento científico pelos cientistas ou da pesquisa realizada por uma ciência.[3]

É muito comum, e isto comprovei em meus estudos e pesquisas nacionais e internacionais que até entre doutores – (PhDs) – há uma preocupação em se determinar quais os tipos de métodos para determinadas ciências ou disciplinas. É justificável a preocupação sobretudo quando se trata de cientistas pesquisadores, mas convém deixar claro que todos os tipos de métodos são bons, embora haja uns que se adaptam melhor à consecução ou coleta de dados e de informações para tipos diversos de ciências e respectivas pesquisas. Diz-se que um método é:

a) melhor caminho de se chegar ao conhecimento e à demonstração de uma verdade: método experimental;
b) maneira ordenada de conduzir alguém: agir com método;
c) conjunto ordenado e lógico de princípios, de regras, de etapas permanentes para se chegar a um resultado;
d) conjunto de regras que permitem aprender uma técnica, uma ciência;
e) obra de união lógica dos elementos de uma ciência: método de leitura.[4]

---

[1] *Dicionário Aurélio Buarque de Holanda.* 1998, p. 925 e 1084.
[2] GALLANO, A. Guilherme. *O Método científico*: teoria e prática. São Paulo: Harbra, 1995, p. 5 e 6.
[3] *Petit Larousse Ilustré.* Paris: Larousse, 1991, p. 620.
[4] *Petit Larousse Ilustré.* Paris: Larousse, 1991, p. 620.

Os autores mais exigentes dizem que o método científico conduz o pesquisador a uma reflexão mais crítica e mostra sua diferença do processo científico.

A validade e a importância de um método científico é aquilatada através de sua boa adequação ao objetivo almejado e sua aplicação à natureza do objeto pesquisado. *O método científico é imprescindível ao planejamento de uma pesquisa. Ele coloca em evidência as etapas operacionais da pesquisa científica.* Há outros autores que apresentam duas faces no método científico, uma geral e outra específica, a depender da natureza e do tipo de pesquisa. A geral se refere à faculdade genérica de ser aplicado a todas as ciências e a todos os tipos de pesquisa. A específica restringe a possibilidade de determinado método ser aplicado apenas a algumas ciências ou a determinados tipos de pesquisas.

1.2. O processo do método científico

Os métodos científicos têm seu próprio processo, isto é, a dinâmica em etapas científicas concatenadas de sua aplicação. Há 11 passos na formulação do processo metodológico científico: verdade, raciocínio, experimento, observação, indução, dedução, análise, síntese, teoria, doutrina e ideologia. Entre esses há os específicos dos métodos racionais propriamente ditos: raciocínio, indução, dedução e teoria, os mais utilizados pelas ciências puras e teóricas. Os outros são do uso corrente dos métodos das ciências aplicadas e exatas.

O processo do método científico tem seu próprio caminho ou metodologia: parte da observação dos fatos; compara-os; elabora leis e hipóteses, e, depois, as teorias científicas. Essas, quando aplicadas, fecham o círculo, dando origem a um novo processo do método científico: partindo da *práxis,* passando pela teoria e voltando à *práxis.*

Há inúmeros outros tipos de métodos científicos em uso pela epistemologia ou pela filosofia da ciência. Citemos os mais conhecidos.

1.3. Principais métodos filo-científicos

Métodos	Autores
Maiêutico	Sócrates
Ascensus e Descensus	Platão (dialético platônico)
Indutivo e Dedutivo	Aristóteles (peripatético)
Alegórico	Orígenes
Introspectivo	Agostinho
Analógico	Tomás de Aquino
Sentimental (do coração)	Pascal (dialético pascalino)
Comprovação histórica	Vico *(verbum factum est)*
Metafísico (transcendental)	Kant
Dialético	Hegel (dialético hegeliano)
Positivo	Comte
Pragmático	James
Intuitivo	Bergson
Fenomenológico	Husserl
Comprovação experimental	Neopositivistas
Da falsificabilidade	Popper
Matemático	Decartes
Da práxis	Marx
Histórico	Boas
Monográfico	LePlay
Estatístico	Quetelet
Tipológico	Max Weber
Funcionalista	Mallinowski
Estruturalista	Lévi-Strauss[5]

Fonte: Mondin, B. *Introdução à Filosofia*. São Paulo: Paulinas, 1979, p. 98.

---

[5] REICHENBACH, H. *La Nascita Della Filosofia Scientifica*. Trad. it., Il Mulino. Bolonha, 1961, p. 208. Apud MONDIM, B. *Introdução à Filosofia*. São Paulo: Paulinas, 1979.

2. Métodos racionais

Há dois métodos mais importantes e mais conhecidos que foram sistematizados pelos gregos, filósofos da Antiguidade, sobretudo por Aristóteles, aprofundando o problema lógico. São, em nossos dias, utilizados por todos os tipos de ciências e foram aprofundados e utilizados pelos racionalistas: *método dedutivo* e *método indutivo*.

2.1. Método dedutivo

Diz-se dedutivo o método cuja construção científica parte do raciocínio geral para o particular, do universal ao individual.

Diz-se que o raciocínio dedutivo pode ligar leis que foram elaboradas separadamente e conseguir suas confirmações. É quase que exclusivamente o método utilizado pelas ciências exatas, sobretudo pela matemática.

Para muitos autores, sobretudo os que se dedicaram às ciências sociais aplicadas, o método dedutivo tem muita semelhança com o método de síntese. Sua base, segundo Mondin, é a argumentação dedutiva do silogismo.

Em que consiste o silogismo? É o paradigma do método dedutivo ou da dedução. É composto de três partes: duas premissas e uma conclusão.[6]

2.2. Método indutivo

O método indutivo é uma construção mental, científica, racional que parte das variáveis particulares, chegando às gerais.

Parte-se de um fenômeno para a lei geral ou da observação de dois eventos ou casos, experimentados, para se descobrir sua relação e generalizá-la como lei.

O método indutivo tem aparência com a análise ou o método analítico.

René Descartes utilizou-o muito em toda a sua obra científica, conforme se deduz da leitura do seu *Discours de la méthode*, escrito em 1641.[7]

---

[6] MONDIN, B. *Introdução à Filosofia*. São Paulo: Paulinas, 1979, p. 13.
[7] MONDIN, B. *Introdução à Filosofia*. São Paulo: Paulinas, 1979, p. 11-18.

Tanto o método indutivo, dedutivo, como o intuitivo são de origem aristotélica, auxiliares de seu conhecido método *peripatético*.

3. Outros métodos de pesquisa em Ciências Sociais Aplicadas

Eva Maria Lakatos divide os métodos científicos da seguinte forma: os *de abordagem* – indutivo, dedutivo, hipotético-dedutivo e dialético – e os *da área restrita das ciências sociais*.

Estes, para Lakatos, são os *métodos: histórico, comparativo, estatístico tipológico, funcionalista e estruturalista*.

Estranha-se que Lakatos *coloque os métodos sociométrico e de observação* entre as técnicas de pesquisa em Sociologia.[8] Mas, por outro lado, pode-se classificar os métodos da *observação, econométrico, sociométrico*, assim como fazemos com o do *estudo de caso*, ora como métodos, ora como técnicas. O estudo de caso chega a ser, às vezes, tipo de pesquisa descritiva.

Preferimos continuar a divisão científica dos métodos *em racionais*, que podem ser *os de abordagem*, e os outros, que não são só *das ciências sociais, mas servem de uso para as ciências naturais e exatas*, e também os subdividir em quantitativos e qualitativos.

4. Classificação de métodos em quantitativos e qualitativos

Para muitos autores a divisão entre pesquisa qualitativa e quantitativa é apenas teórica, porque na prática toda a pesquisa usa os dois tipos de métodos sempre, em toda e qualquer pesquisa. Os métodos qualitativos são auxiliares dos quantitativos e vice-versa.

A metodologia da pesquisa científica classifica os métodos em dois grandes grupos de movimento da investigação: quantitativos e qualitativos, que servem de base para a classificação da teoria e a denominação do tipo de pesquisa.

Classificar os métodos em *quantitativo ou qualitativo* constitui uma investigação preliminar que antecede a própria pesquisa. O problema de se decidir por qualquer um dos lados depende da proporcionalidade no uso de cada tipo.

---

[8] LAKATOS, Eva Maria. *Sociologia Geral.* São Paulo: Atlas, 1990, p. 30-38.

As pesquisas, sabe-se, buscam a verdade e a ampliação do conhecimento científico, e torna-se difícil aceitar que as pesquisas consideradas quantitativas não possam ser aceitas, também, como qualitativas.

Métodos são conjuntos de recursos para a investigação científica. Classificar uma pesquisa de acordo com um dos dois métodos, seja quantitativo ou qualitativo, depende do grau de utilização das técnicas estatísticas. Como em ambos os métodos utilizam-se processos e variáveis quantitativos e qualitativos, para se determinar em qual dos métodos a pesquisa se encaixa, é necessário que se considere a natureza da pesquisa. Caso o objetivo principal seja de se classificar um determinado grupo de observações, então ela será qualitativa; caso o objetivo seja avaliar e analisar como os dados se distribuem em um espaço amostral, então a pesquisa terá conotação quantitativa.

O termo qualitativo, ao contrário do que alegam alguns autores, está mais relacionado à tipificação e à característica do que à qualidade, como essência de valor, sendo, provavelmente, este o motivo da polêmica.

Da análise realizada na elaboração deste trabalho de metodologia, foi possível encontrar um aspecto no mínimo interessante quanto às propriedades de classificação dos métodos: o fenômeno da alternância dos processos, nos quais se percebe uma tendência cíclica entre os processos quantitativos e os processos qualitativos. Este fato *veio da reflexão e leva à reflexão* dos processos de raciocínio lógico do homem.

Mas opina-se, como foi dito, que se a pesquisa volta-se mais para o uso de métodos quantitativos, ela é quantitativa, e se ela volta-se para os qualitativos, é qualitativa.

Esclarecendo como se pode classificar uma pesquisa científica em razão dos critérios dicotômicos quantitativos e qualitativos, apresentam-se razões técnico-científicas para decidir-se por uma classificação adequada e pela maneira de interpretar a aplicação de processos de análise e raciocínio lógico que fazem uso dos métodos quantitativos e qualitativos. Vimos uma classificação ou uma tipologia de métodos científicos feitos pela filosofia, que denominamos de filocientíficos. Os pesquisadores e os autores de textos sobre metodologia afirmam que existem em geral só *dois métodos atípicos utilizados nas pesquisas científicas: os quantitativos e os qualitativos*.

Há uma diferença que deve ser mostrada entre o que aqui é chamado de *método* para o que se denominou no tópico anterior de *processos quantitativo e qualitativo*. Método e processo estão intimamente relacionados, mas nessa classificação não estão definidos com o mesmo sentido. A pesquisa é denominada de acordo com seus procedimentos – métodos quantitativo e qualitativo. Por exemplo, caso uma pesquisa venha a utilizar, predominantemente, métodos quantitativos e alguns poucos processos qualitativos, então essa pesquisa será considerada como uma pesquisa quantitativa. A recíproca é verdadeira.

Os autores têm grande facilidade de orientar os casos em que não se utilizam métodos estatísticos na pesquisa, definindo-os como uma pesquisa do tipo qualitativa. Torna-se difícil explicar os casos em que se utilizam os métodos estatísticos, mas que, em contrapartida, se utilizam de classificações em larga escala. Caberá ao investigador basear-se no foco da pesquisa para distingui-la como quantitativa ou qualitativa.

Portanto, a forma de classificação que se apresenta como mais satisfatória deve basear-se no grau do uso de métodos estatísticos e, quando isso não for suficiente, basear-se no objetivo da pesquisa.

Alguns autores sugerem a não distinção entre os métodos quantitativos e qualitativos por considerarem que pesquisas quantitativas possuem caráter qualitativo, uma vez que estas buscam a representação da verdade e consequentemente da informação de qualidade. Porém, esses argumentos deixam de considerar que o termo qualitativo pode não estar sendo empregado como qualidade, mas como característica, tipificação e classificação. Uma outra dificuldade tão relevante quanto a apresentada pela dicotomia é a da natureza cíclica dos *processos* que se alternam em quantitativos e qualitativos, confundindo aqueles que se arvoram na classificação de uma investigação.

4.1. Métodos quantitativos

As pesquisas que aplicam métodos quantitativos, conforme já foi descrito acima, são as que empregam a estatística e a matemática – os números e cálculos – como principal recurso para a análise das informações. Grande parte das pesquisas se relaciona com o método quantitativo. As pesquisas de campo em geral utilizam esse método, assim como as pesquisas de mercado, as de opinião em campanhas políticas, pesquisas internas de controle de qualidade, controle de padrões e motivação. Experimentos e outros levantamentos quantitativos representam o conjunto de aplicações dos métodos quantitativos.

A investigação com uso da estatística é também chamada de *inferência estatística*. Como recurso, os estatísticos e matemáticos desenvolveram inúmeras ferramentas para uso nas inferências. A principal classificação divide a estatística em dois grupos: estatística descritiva e estatística probabilística.

A estatística descritiva utiliza os dados coletados para produzir tabelas com o objetivo de descrever a maneira como se distribuem os dados na população (ou amostra) observada. Tem o propósito de resumir as informações, para que se possa trabalhar com sínteses representativas do campo de observação. Em geral o método descritivo analisa tendências, realiza previsões, compara padrões e relacionamentos entre grupos de dados.

Os grupos de dados são chamados de variáveis. O estudo estatístico utiliza este termo em todos os processos do seu arsenal matemático. As variáveis possuem características herdadas do processo que as gerou. Se uma variável é "fruto" de um processo de classificação, então ela será denominada de variável qualitativa, caso contrário, será uma variável quantitativa. As variáveis qualitativas podem ser nominais, ordinais ou mesmo binárias. Nominais representam denominações – nomes de pessoas, nomes de objetos; ordinais, ordens de algum objeto observado – primeiro, segundo; as binárias, representam situações dicotômicas – sexo masculino ou feminino, sim ou não. Variáveis quantitativas representam quantidades, valores e resultados de operações entre outras variáveis quantitativas.

As variáveis quantitativas possuem uma outra classificação importante: são divididas em discretas e contínuas. As discretas relacionam-se com tipos de dados cuja representatividade se dá por valores pontuais. Valores que não se representam por intervalos. A rigor, as variáveis discretas são aquelas cujos valores formam um conjunto finito ou enumerável, resultantes de uma contagem, como, por exemplo, número de filhos (1, 2...). As variáveis contínuas, ao contrário, são as que se representam por faixas. Formam um intervalo de números reais. Por exemplo: medidas de peso e estatura.

Tanto as variáveis quantitativas como as qualitativas são utilizadas nos processos quantitativos e qualitativos. O motivo pode ser compreendido através dos exemplos explicitados nos tópicos anteriores. De modo resumido, pode-se afirmar que esses dois tipos de variáveis estão incluídos nos dois tipos de processos (quantitativo e qualitativo) e que a classificação do método da pesquisa depende do grau de participação dos tipos de processos que, por sua vez, depende da predominância do tipo de variáveis que participam dos processos.

A estatística descritiva trabalha com métodos de organização, redução, representação e apresentação de dados. Os métodos de organização propostos estão relacionados aos processos de coleta e tabulação de dados em uma pesquisa. Média, moda e mediana são procedimentos matemáticos para representação reduzida dos dados. Variância, desvio padrão e métodos de regressão e correlação são procedimentos para avaliação de distorções de tendências.

A estatística probabilística é a representação teórica da distribuição dos dados em um determinado campo de observação. Na estatística, o campo de observação é chamado *de espaço amostral*. A probabilidade é o conceito que define a chance de se localizar um determinado objeto num espaço amostral. A probabilidade é a razão entre o quantitativo de um determinado objeto e o total de objetos existentes em um espaço amostral. Há certas situações em que não se sabe ao certo o número total de objetos existentes no espaço amostral. Em outras situações, o problema pode envolver várias buscas de modo simultâneo, ora se repondo, ora se mantendo os objetos. Todas essas situações são elementos que tornam complexo o processo de cálculo de probabilidades. Procurando atender às necessidades de elaboração de modelos estáveis, estatísticos e matemáticos desenvolveram os diversos modelos teóricos que compõem a estatística probabilística. Os principais modelos probabilísticos para variáveis discretas são:

– Distribuição Uniforme.
– Distribuição de Bernoulli.
– Distribuição Binomial.
– Distribuição Hipergeométrica.
– Distribuição de Poisson.

Os principais modelos probabilísticos para variáveis contínuas são:

– Distribuição uniforme.
– Distribuição normal.
– Distribuição exponencial.
– Distribuição normal-binomial.

– Distribuição qui-quadrado.
– Distribuição Student.
– Distribuição F (Snedecor).
– Teste de variância, de independência e de correlação.

Como o nome confirma, os métodos quantitativos são usados mais pelas ciências exatas, isto é, as que utilizam como base os números; mas as ciências sociais, sobretudo as ciências sociais aplicadas, às vezes os utilizam, como na sociometria e na econometria. Os dois mais importantes métodos quantitativos usados pela pesquisa são: o matemático e o estatístico.

Prof. Roberto Richardson (1999, n. 70/79) nos ensina que

> os métodos quantitativos aperfeiçoaram-se e sofisticaram-se para poder explicar e "predizer" o comportamento humano. Lamentavelmente, chegou-se a casos extremos de esquecer os problemas reais da grande maioria da população. Há autores que não distinguem com clareza métodos quantitativos e qualitativos, por entenderem que a pesquisa quantitativa é também, de certo modo, qualitativa.

Citando W. Goode e P. K. Hatt, afirma Richardson que

> *a pesquisa moderna deve rejeitar como uma falsa dicotomia a separação entre estudos "qualitativos" e "quantitativos" ou entre ponto de vista "estatístico" e não "estatístico". Além disso, não importa quão precisas sejam as medidas, o que é medido continua a ser uma qualidade.*[9]

Os métodos, em geral, são importantíssimos na elaboração e na execução da pesquisa científica, sempre acompanhados de técnicas específicas.

Os métodos, sejam quantitativos ou qualitativos, são compostos por *processos* que *também* podem ser classificados como quantitativos ou qualitativos, conforme demonstrado no exemplo dos cães.

---

[9] RICHARDSON, Roberto Jarry. *Pesquisa social:* métodos e técnicas. 3ª edição. São Paulo: Atlas, 1979, p. 70-79.

4.2. Métodos qualitativos

Conforme descrito nos tópicos anteriores, os métodos qualitativos são representados por trabalhos que não necessitam de ferramentas estatísticas. Os tipos de pesquisas qualitativas mais comuns são decorrentes de pesquisas teóricas, pesquisas exploratórias documentais e outras que possuam caráter de investigação lógica ou histórica.

Uma das características da aplicabilidade dos métodos qualitativos são as situações em que se necessita realizar classificações comparativas e que se pretende identificar proporção, grau ou intensidade de um determinado fenômeno. Nestes casos, mesmo existindo uma medida quantitativa no processo de investigação, o objetivo exigirá uma classificação. Em outras palavras, o uso do método dependerá da natureza da pesquisa ou da predominância dos processos que participam da pesquisa.

A expressão "pesquisa descritiva" pode lembrar ou mesmo sugerir a "estatística descritiva", aquela que tabula dados, edita gráficos, calcula médias e frequências, mas o termo descritivo está, de fato, intimamente relacionado com o ato de *descrever*. Uma pesquisa dita descritiva relaciona-se com o processo de descrever fatos, fenômenos e dinâmicas sociais. Quando estudos desse tipo são investigados, o pesquisador não necessitará utilizar a estatística descritiva, ficando esta configurada como uma pesquisa qualitativa. Alguns tipos de pesquisa qualitativa podem, por exemplo, descrever fenômenos como: dinâmicas populacionais ou de grupos sociais; comportamentos individuais ou dos grupos; opiniões sobre indivíduos ou processos; investigação de fatos passados; análise de valores culturais; dentre outros relacionados à estruturação de grupos sociais.

A pesquisa qualitativa possui o poder de analisar os fenômenos com consideração de contexto. Pesquisas que se apoiam em números correm o risco de se firmarem na exatidão fria da falta de contexto. Ao contrário, o método qualitativo que se baseia em objetivos classificatórios utiliza de maneira mais adequada os valores culturais e a capacidade de reflexão do indivíduo. A investigação realizada sob este prisma não peca por desconsiderar as causas e inter-relações sutis que possam permear-se entre a análise e as conclusões, desconsiderações essas que podem distorcer verdades entre o meio e o fim.

Entre os inúmeros métodos qualitativos mais em uso nas ciências sociais aplicadas destacam-se os seguintes:

– Método de observação, de descrição, comparativo, histórico, experimental, "estudo de caso", funcionalista, estruturalista, analítico e sintético.

O que caracteriza o método qualitativo é o não uso do instrumento estatístico.

Para Roberto Jarry Richardson, a abordagem qualitativa de um problema, além de ser uma opção do investigador, justifica-se, sobretudo, por ser uma forma adequada para entender a natureza de um fenômeno social.

> O aspecto qualitativo de uma investigação pode estar presente até mesmo nas informações colhidas por estudos essencialmente quantitativos, não obstante perderem seu caráter qualitativo quando são transformadas em dados quantificáveis, na tentativa de se assegurar a exatidão no plano dos resultados.[10]

5. Metodologia científica: conceitos

Quanto aos *conceitos de metodologia,* etimologicamente, podemos dizer que é a ciência do método ou que estuda os métodos, ou noutro sentido que é o conjunto de métodos que serve ao trabalho científico: acadêmico, de graduação ou de pós-graduação.

Na elaboração e execução de pesquisa, *na itemização do projeto,* diz-se que "metodologia é o conjunto descritivo das atividades a desenvolver ou desenvolvidas de passos, de etapas, de fases metodológicas e de técnicas que se utilizarão ou foram utilizados na elaboração e na execução de um projeto de pesquisa". Ou *a Metodologia de pesquisa é a descrição de como serão coletados os dados e as informações, que serão analisados e interpretados no alcance dos objetivos gerais e específicos da própria pesquisa científica.*

As etapas ou os passos seguidos pela *metodologia de um projeto* variam, mas, em geral, os especialistas e pesquisadores acham imprescindíveis que eles tenham, pelos menos, os seguintes elementos: *a situação geoespacial, isto é, onde se desenvolverá a pesquisa; a natureza da pesquisa que se vai realizar, o tipo*

---

[10] RICHARDSON, Roberto Jarry. *Pesquisa social:* métodos e técnicas. 3ª edição. São Paulo: Atlas, 1979, p. 79.

ou tipos de pesquisas que vão ser executadas, assim como as hipóteses e variáveis importantes, a descrição do universo e da amostra; dos principais tipos de métodos científicos e técnicas (instrumentos) que serão utilizados, a extensão e a complexidade da pesquisa e outros procedimentos como teleconsulta, internet, telefone, mass media: rádio, TV, jornal, revista.

Gil cita mais ou menos o que se escreveu acima sobre o conteúdo de uma metodologia num projeto de pesquisa:

– tipo de delineamento (itens a serem executados);
– operacionalidade das variáveis (sobretudo se são observáveis e mensuráveis);
– amostragem, técnicas de coleta de dados;
– tabulação;
– análise dos dados;
– forma de relatório.[11]

6. As técnicas auxiliares dos métodos

As principais técnicas utilizadas em pesquisas, instrumentos auxiliares dos métodos, são o questionário, a entrevista, o formulário, *a internet e os meios de comunicação de massa (mass media)*: rádio, TV, telefone e outros.

6.1. Entrevista

A entrevista é uma conversação efetuada face a face, de maneira metódica, proporcionando ao entrevistador, verbalmente, a informação necessária.

Esta é, aliás, uma das principais técnicas de trabalho em quase todos os tipos de pesquisa utilizados nas ciências sociais. Ela desempenha importante papel não apenas nas atividades científicas, como também em muitas outras atividades humanas. Mais do que outros instrumentos de pesquisa, que em geral estabelecem uma relação hierárquica entre o pesquisador e o pesquisado, como na observação unidirecional; por exemplo, na entrevista a relação que

---

[11] GIL, Carlos. *Como elaborar projetos de pesquisa*. São Paulo: Atlas, 1995, p. 147.

se cria é de interação, havendo uma atmosfera de influência recíproca entre quem pergunta e quem responde. Na medida em que houver um clima de estímulo e de aceitação mútua, as informações fluirão de maneira notável e autêntica.

A grande vantagem da entrevista sobre outras técnicas é que ela permite a captação imediata e corrente da informação desejada, praticamente com qualquer tipo de informante e sobre os mais variados tópicos. Ela oferece também maior oportunidade para avaliar atitudes naquilo que é dito e como é dito: registro de reações, gestos etc. Além disso, a entrevista oferece maior flexibilidade, podendo o entrevistador repetir ou esclarecer perguntas, formulando-as de maneira diferente; especificar algum significado, como garantia de estar sendo compreendido.

Convém salientar que a entrevista apresenta algumas desvantagens como a incompreensão, por parte do informante, do significado das perguntas da pesquisa, o que pode levar a uma falsa interpretação.

Há também a possibilidade de o entrevistado ser influenciado, conscientemente ou não pelo questionador, pelo seu aspecto físico, por suas atitudes, ideias, opiniões etc. Além disso, é possível a retenção de alguns dados importantes, receando que sua identidade seja revelada, entre outras possibilidades. Mas essas limitações podem ser superadas ou minimizadas se o pesquisador for uma pessoa com bastante experiência ou tiver muito bom senso.

A entrevista tem como principal objetivo a detenção de informações do entrevistado sobre determinado assunto ou problema.

Para Selltiz a entrevista apresenta seis tipos de objetivos:

a) Averiguação de "fatos".
b) Determinação das opiniões sobre os "fatos".
c) Determinação de sentimentos.
d) Descoberta de planos de ação.
e) Conduta atual ou do passado.
f) Motivo consciente para opiniões, sentimentos, sistemas ou condutas.

Há diferentes tipos de entrevistas, que variam de acordo com o propósito do entrevistador:

a) *Padronizada ou estruturada:* é aquela em que o entrevistador segue um roteiro previamente estabelecido; as perguntas feitas ao indivíduo são predeterminadas.

b) Despadronizada ou não estruturada: o entrevistador tem liberdade para desenvolver cada situação em qualquer direção que considere adequada.

c) *Painel:* Consiste na repetição de perguntas, de tempo em tempo, às mesmas pessoas, a fim de estudar a evolução das opiniões em curtos períodos.

A preparação da entrevista é uma etapa importante da pesquisa: requer tempo e exige algumas medidas, tais como o planejamento da entrevista, conhecimento prévio do entrevistado, a oportunidade da entrevista, condições favoráveis, contato com líderes, conhecimento prévio do campo e uma preparação específica.

A entrevista deve terminar como começou, isto é, em ambiente de cordialidade, para que o pesquisador, se necessário, possa voltar e obter novos dados, sem que o informante se oponha a isso.

6.1.1. O importante na entrevista

A entrevista não é apenas conversa sistemática, precisa, com objetivos predeterminados. É um diálogo orientado para um objetivo definido: recolher, através do interrogatório do informante, dados à pesquisa.

A entrevista tornou-se, a partir das últimas décadas do século XX, um instrumento de que muito se utilizam os pesquisadores em ciências sociais e psicológicas.

Recorre-se à entrevista sempre que se tem necessidade de dados que não podem ser encontrados em registros e fontes documentárias e que podem ser fornecidos por certas pessoas que falam por si mesmas ou por entidades que dirigem ou representam. Os dados coletados são utilizados tanto para o estudo de fatos como de caso ou de opiniões.

O termo entrevista é constituído, segundo Richardson (1999:207), de dois vocábulos: entre e vista. Entre significa interpor duas pessoas ou duas coisas; enquanto vista está relacionado ao ato de enxergar, perceber, ter preocupação com algo. Assim, "entrevista" refere-se ao ato de perceber realizado entre duas pessoas.

É um encontro entre duas pessoas, a fim de que uma delas obtenha informações a respeito de determinado tema, mediante uma conversação de natureza profissional. É um procedimento utilizado na investigação social, na tentativa de obter dados que propiciem o diagnóstico ou o tratamento de um problema social.

Alguns autores afirmam que a entrevista "consiste no desenvolvimento de precisão, focalização fidedigna e validade de certo ato social como a conversação".

A entrevista é importante instrumento de trabalho em vários campos das ciências sociais ou de outros setores de atividades, como da Sociologia, da Antropologia, da Psicologia Social, da Política, do Serviço Social, do Jornalismo, das Relações Públicas, da Pesquisa de Mercado e outras (Richardson, 1999, p. 195-199; Lakatos e Marconi, 1991, p. 195-196).

6.1.2. Objetivos

A entrevista, repetindo, tem como objetivo principal a obtenção de informações do entrevistado acerca de determinado assunto ou problema.

Quanto ao conteúdo, apresenta seis tipos de objetivos:

a) Averiguação de "fatos".
b) Determinação das opiniões sobre os "fatos".
c) Determinação de sentimentos.
d) Descoberta de planos de ação.
e) Conduta atual ou do passado.
f) Motivo consciente para opiniões, sentimentos, sistemas ou condutas.

6.1.3. Tipos de entrevistas

Há diferentes tipos de entrevistas, as quais apresentam variações de conformidade com o propósito do entrevistador. Assim, elas podem ser padronizadas, dirigidas ou estruturadas, despadronizadas, guiadas ou não estruturadas e painel.

A entrevista padronizada ou estruturada é aquela em que o entrevistador cumpre um roteiro previamente determinado, realizando-se segundo um formulário elaborado, sendo, ainda, efetuada de preferência com pessoas selecionadas de acordo com um planejamento prévio.

A padronização visa à obtenção de respostas de várias pessoas a uma mesma indagação ou questionamento, a fim de possibilitar diferentes opiniões entre os respondentes da mesma pergunta.

A entrevista não estruturada, despadronizada, dá ao entrevistador liberdade para desenvolver cada situação em qualquer direção que considere adequada, conforme o assunto enfocado. É uma técnica que explora mais profundamente uma questão, embora exija maior capacitação de quem entrevista, profundo conhecimento dos aspectos e fundamentos do que se pesquisa, criatividade e poder de seleção em relação aos rumos que deve escolher na continuidade da mesma.

Esse tipo apresenta três modalidades: entrevista focalizada, entrevista clínica e entrevista não dirigida. Na focalizada há um roteiro de tópicos relativos ao problema que se estuda, oportunizando que o entrevistador sonde razões e motivos e obtenha esclarecimentos. Para isso o entrevistador deve ser hábil e perspicaz. Esta forma de entrevista é usada em estudos de situações de mudança de conduta.

A entrevista clínica busca os motivos, os sentimentos e a conduta das pessoas. Já na não dirigida há liberdade total por parte do entrevistador, que pode externar plenamente seus conceitos, sentimentos ou opiniões, cabendo ao entrevistador, tão somente, estimular o informante a falar sobre certo assunto, sem no entanto o forçar a responder.

O painel consiste na repetição de perguntas, de tempo em tempo, às mesmas pessoas, a fim de estudar a evolução de suas opiniões em períodos curtos. As indagações devem ser reformuladas, a fim de evitar que os entrevistados distorçam as respostas.

A entrevista oportuniza, através do uso correto de suas técnicas, atingir um nível de aprofundamento acerca do que se pretende pesquisar; começando pelas informações mais acessíveis até atingir níveis mais fundamentais e psicológicos no subconsciente ou inconsciente dos indivíduos (Lakatos e Marconi, 1991, p. 197).

6.1.4. Vantagens e desvantagens da entrevista

Como técnica de coleta de dados, a entrevista apresenta vantagens e também certas limitações, apesar de dentre as técnicas de interrogação apresentar maior flexibilidade. Deve-se considerar que o entrevistador constitui a única fonte de motivação adequada e constante.

Entre as vantagens pode-se mencionar:

– ser utilizada em todos os segmentos da população;
– fornecer uma amostragem muito melhor da população geral;
– viabilizar maior flexibilidade, podendo o entrevistador formular indagações de diferentes formas e especificar significados;
– oferecer oportunidades avaliativas de atitudes, condutas, registro de reações e outros;
– possibilitar a obtenção de informações preciosas, podendo comprovar as discordâncias de imediato;
– permitir a quantificação e o tratamento estatístico.

Como se já destacou, a entrevista também apresenta limitações ou desvantagens, as quais podem ser minimizadas, caso o pesquisador seja uma pessoa experiente ou tenha bom senso. Eis algumas limitações:

– dificuldade de expressão e comunicação tanto do entrevistador como do entrevistado;
– incompreensão do informante acerca do significado das perguntas da pesquisa, ocasionando uma falsa interpretação;
– possibilidade de que o entrevistado seja influenciado pelo pesquisador;
– retenção ou omissão de alguns dados ou informações relevantes, por temor de ser identificado;
– necessidade de muito tempo para ser realizada;
– insuficiência de controle sobre a situação de coleta de dados.

6.1.5. Preparação e arte

A preparação da entrevista é uma etapa muito importante, pois requer tempo e exige algumas providências:

– planejamento da entrevista, visando o objeto a ser alcançado;
– conhecimento prévio do informante e de seu grau de familiaridade com o assunto;
– determinação antecipada da hora, do dia e do local da entrevista para assegurar a sua realização;

– garantia ao entrevistado do sigilo de suas confidências ou informações;
– preparação e organização do roteiro ou do formulário com as questões essenciais.

Como a entrevista visa a obtenção de respostas válidas e informações pertinentes, torna-se uma arte e exige do entrevistado o estabelecimento de certa relação de confiança com o informante.

O êxito da entrevista requer a observância de algumas normas: contato inicial, formulação de perguntas ou do roteiro, registro de respostas e término da mesma.

O pesquisador deve entrar em contato com o entrevistado, estabelecendo desde o primeiro momento uma conversação amistosa e motivadora com o mesmo e explicar a finalidade, o objeto e a relevância da pesquisa, ressaltando a importância de sua participação.

É também oportuno salientar que, no momento da elaboração das perguntas ou da guia de entrevista, o pesquisador deve colocar-se na situação do entrevistado, para que tanto numa como na outra forma seja destacada uma série de pontos vinculados a cada pergunta, de tal modo que se proporcione ao pesquisador uma relação de aspectos que precisam ser enfocados durante a entrevista.

A formulação das perguntas é um aspecto cruciante da entrevista que as utiliza, devendo-se evitar perguntas que dirijam as respostas do entrevistado.

Por ocasião da entrevista propriamente dita, deve-se fazer uma introdução que consiste, essencialmente, na explicação do objetivo e da natureza do trabalho, destacando a importância da contribuição do entrevistado além de assegurar-lhe o anonimato e o sigilo de suas respostas.

Usualmente, o entrevistador solicita ao entrevistado algumas informações, tais como: nome, idade, nível de escolaridade, endereço, naturalidade e ocupação.

Mediante a técnica de entrevista, o pesquisador deve levar o entrevistado a um aprofundamento maior em sua própria experiência, explorando áreas fundamentais.

As perguntas devem ser formuladas e feitas de acordo com o tipo de entrevista, deixando o informante falar à vontade para, em seguida, ajudá-lo com indagações, penetrando mais fundo nos detalhes da entrevista dirigida, evitando desvio do assunto.

Já na entrevista não diretiva ou despadronizada, é necessário não dirigir o entrevistado, apenas o guiar e manter-se atento no que ele aborda, deixando-o ter liberdade de expressar-se, evitando dessa forma os difíceis silêncios, sem interrompê-lo ostensivamente, salvo em casos excepcionais. Entretanto, deve-se levar o entrevistado a precisar, desenvolver e aprofundar os pontos que coloca espontaneamente.

Caso o entrevistado só mencione o tema sem outras explicações, cabe ao entrevistador voltar a eles, aproveitando alguma pausa. Se, porém, o entrevistado repete aspectos ou comentários já ditos, cai em contradição ou se detém quando ainda não chegou aos aspectos centrais da entrevista, faz-se indispensável que o entrevistador leve-o a retomar as colocações feitas pelo sujeito, a fim de esclarecer ou aprofundar suas ideias.

Uma vez feita a entrevista, deve-se transcrevê-la e analisá-la, evitando-se que aspectos poucos compreensíveis da mesma sejam desprezados, pois os enfoques estão ainda muito lembrados, o que não ocorreria transcorrido muito tempo.

O pesquisador deve preparar-se para realizar após cada entrevista a transcrição da mesma e proceder anotações de tudo relacionado a ela.

Após a transcrição das informações, é necessário que o pesquisador analise as respostas e verifique se as informações do entrevistado apresentam, realmente, validade, relevância, especificidade, clareza, profundidade e extensão (Lakatos e Marconi, 1991, p. 200).

6.2. Questionário

O questionário é a forma mais utilizada para a coleta de dados, uma vez que possibilita medir com melhor exatidão aquilo que se deseja.

Geralmente, a palavra questionário refere-se a um meio de obter respostas às questões por uma fórmula que o próprio informante preenche.

Todo o questionário deve ter natureza impessoal, a fim de assegurar uniformidade na avaliação de uma situação para outra. Possui a vantagem de os respondentes sentirem-se mais confiantes, em face do anonimato, o que possibilita coletar informações e respostas mais reais.

Os questionários cumprem pelo menos duas funções: "descrever as características e medir determinadas variáveis de um grupo social", bem como "de variáveis individuais".

Esta forma de pesquisa não está restrita a uma quantidade determinada de perguntas nem a um tópico especial, pois é um instrumento de coleta de dados, constituído por uma série ordenada de indagações, que em geral são respondidas por escrito e sem presença do entrevistador (Richardson, 1999, p. 189).

A elaboração de um questionário requer a observância de normas de precisão, a fim de aumentar sua eficácia e validade. Em sua organização, devem-se levar em conta os tipos, a ordem, os grupos de perguntas, a formulação das mesmas e também tudo aquilo que se sabe sobre percepção, estereótipos, mecanismos de defesa, liderança etc. Depois de redigido, o questionário precisa ser testado antes de sua utilização definitiva. A análise de dados evidenciará possíveis falhas existentes. Verificadas as falhas, deve-se reformular o questionário, considerando, modificando, ampliando ou eliminando itens. O pré-teste pode ser aplicado mais de uma vez, tendo em vista o seu aprimoramento e o aumento de sua validez. O pré-teste serve também para verificar se o questionário apresenta três importantes elementos:

a) *Fidedignidade:* qualquer pessoa que o aplique obterá sempre os mesmos resultados.
b) *Validade:* os dados recolhidos são necessários à pesquisa.
c) *Operacionalidade*: vocabulário acessível e significado claro.

6.2.1. O processo de elaboração de um questionário

O processo de elaboração é longo e complexo, exigindo cuidados especiais na seleção das questões, considerando-se a sua importância, ou seja, se realmente oferece condições para a obtenção de informações pertinentes e válidas em relação ao assunto.

Os temas e abordagens escolhidos devem estar em consonância com os objetivos – gerais e específicos. Não devem ser muito longos, evitando-se ocasionar fadiga ou desinteresse, não oferecendo suficientes informes.

O questionário deve estar acompanhado por instruções bem definidas, contendo, se necessário, notas explicativas, propiciando que o informante tome conhecimento do que se espera ou deseja dele.

Também se deve considerar a estética do questionário em relação ao tamanho, praticidade de manipulação, espaço suficiente para as respostas e disposição de itens, de forma a facilitar a elaboração dos dados obtidos.

A elaboração de questionários requer ainda cuidados com sua extensão e escopo, pois "todo o aspecto incluído no questionário constitui uma hipótese", ou seja, incluem-se todos e cada um dos pontos que seja possível defender dentro do que se está pesquisando.

A elaboração do questionário é a ocasião de revisão da literatura sobre o tema associada à experiência do pesquisador. As perguntas devem, portanto, ser cuidadosamente analisadas, evitando-se ambiguidades ou má assimilação de seus conteúdos; para isso convém utilizar um vocabulário preciso, evitando palavras confusas e termos técnicos, salvo em casos especiais.

As questões não devem ser direcionadas, mas objetivamente formuladas, sem pressionar por sua categoricidade, deixando o informante praticamente obrigado a escolher uma delas, ainda que em desacordo com as mesmas (Goode e Hatt apud Richardson, 1999, p. 197).

O questionário deve iniciar-se com perguntas gerais, amplas, chegando pouco a pouco às específicas. A disposição das indagações precisa seguir uma progressão lógica, para que o informante seja conduzido pelo interesse despertado, sendo as perguntas atraentes e não controvertidas.

6.2.2. Pré-teste

Após a redação do questionário, é necessário que ele seja testado antes de sua utilização definitiva, aplicando-se alguns exemplares em amostra escolhida.

A análise dos dados, seguindo-se a tabulação, pode evidenciar as falhas existentes: inconsistência ou complexidade de certas questões, ambiguidade ou linguagem inacessível, também perguntas supérfluas ou que gerem embaraço entre pesquisador e informante, caso as questões obedeçam à determinada ordem ou sejam numerosas etc.

Verificadas as falhas, deve-se reformular o questionário, alterando ou transformando as perguntas, dando-lhes mais exatidão na construção das mesmas. O aprimoramento das perguntas do questionário aumenta sua validez. Deve ser aplicado em populações com características semelhantes, porém não àquela que é alvo do estudo.

O pré-teste é ainda utilizado para verificar se o questionário apresenta três atributos essenciais: fidedignidade, validade e operacionalidade, ou seja, que qualquer pessoa que o aplique obtenha resultados similares, que os dados obtidos sejam pertinentes à pesquisa e apresentem em sua redação vocabulário de fácil compreensão e significado claro.

6.2.3. Tipos de perguntas em um questionário

O questionário é um instrumento de coleta de dados, constituído por uma série ordenada de perguntas, que devem ser respondidas por escrito e sem a presença do entrevistador. Junto com o questionário, deve-se enviar uma carta explicando a natureza, importância e necessidade de obter respostas, tentando despertar o interesse do recebedor, na tentativa de que ele preencha e devolva o questionário dentro de um prazo razoável.

As perguntas de um questionário podem ser classificadas quanto à forma e ao objetivo.

– Quanto *à forma,* as perguntas, em geral, são classificadas em três categorias:

a) Perguntas abertas: são as que permitem ao informante responder livremente, usando linguagem própria.

b) Perguntas fechadas: são aquelas que o informante escolhe sua resposta entre duas opções: sim e não.

c) Perguntas de múltipla escolha: são perguntas fechadas, mas que apresentam uma série de possíveis respostas.

– Quanto *ao objetivo,* as perguntas podem ser:

a) Perguntas de Fato: dizem respeito a questões concretas, referem-se a dados objetivos: idade, sexo, profissão, religião.

b) Perguntas de Ação: referem-se a atividades ou decisões tomadas pelo indivíduo.

c) Perguntas de ou sobre Intenção: tentam averiguar o procedimento do indivíduo em determinadas circunstâncias.

d) Perguntas de Opinião: representam a parte básica da pesquisa.

e) Perguntas-índice ou Perguntas-teste: são utilizadas sobre questões que suscitam medo, quando formuladas diretamente. Fazem parte daquelas consideradas socialmente inaceitáveis.

A disposição das perguntas precisa seguir uma "progressão lógica", como afirmam Goode e Hatt, para que o informante:

a) seja conduzido a responder pelo interesse despertado e seja levado a responder indo dos itens mais fáceis para os mais complexos;
b) não se defronte subitamente com informações impessoais;
c) seja levado gradativamente de um quadro de referência a outro.

Logo, considerando-se os tipos de pergunta, os questionários podem ser agrupados em questionário de perguntas fechadas, de perguntas abertas e as mistas, que combinam os dois tipos de indagações.

O questionário com perguntas fixas apresenta perguntas ou afirmações com alternativas preestabelecidas. Assim, o informante deve escolher a alternativa que melhor expresse sua ideia ou conceito em relação ao assunto abordado.

As perguntas de múltipla escolha apresentam diversas modalidades: perguntas-mostruário (que oportunizam mais de uma resposta), perguntas de fato (referem-se a coisas tangíveis, fáceis de precisar), perguntas de ação (referem-se a atitudes ou decisões), perguntas de opinião (representam a parte básica da pesquisa) e perguntas sobre intenção (averiguam o procedimento do indivíduo em certas circunstâncias).

O questionário de perguntas abertas caracteriza-se por conter indagações ou afirmações que conduzem o entrevistado a responder com frases ou orações. O pesquisador não pretende induzir ou antecipar as respostas, buscando realmente uma maior colaboração na opinião dos questionados.

Na realidade, a maioria dos pesquisados elaboram os questionários com os dois tipos de perguntas, pois a combinação de respostas de múltipla escolha com as abertas possibilita mais informações acerca do assunto, sem interferir na tabulação dos dados obtidos.

Há temas que podem ser abordados mediante perguntas fechadas, geralmente limitadas e com poucas alternativas, como as relacionadas a sexo, nível de escolaridade, estado civil, idade; enquanto as atitudes, em geral, são medidas através de afirmações com respostas fixas "a um grupo de itens que compõem uma escala atitudinal", fácil de computar, "e que permite comparações entre pessoas ou grupos" (Richardson, 1999, p. 194, e Lakatos, 1995, p. 207-209).

As perguntas fechadas apresentam algumas vantagens, pois são fáceis de codificar: o entrevistado apenas assinala a alternativa escolhida, segundo seus critérios acerca do tema; facilitam a atuação do informante, mesmo quando o questionário é enviado através do correio.

Em relação às perguntas abertas, pode-se considerar como vantagem a possibilidade de o entrevistado opinar com mais liberdade, uma vez que não há sugestões acerca do tema, o que ajuda o pesquisador que não tem informações profundas sobre o assunto.

Quanto às desvantagens que se apresentam em relação às perguntas fechadas, destacam-se:

– a incapacidade potencial de um pesquisador oportunizar ao entrevistado todas as alternativas possíveis de resposta, levando-o forçosamente a limitar-se às opções sugeridas, ajustem-se elas ou não à sua maneira de enfocar o tema;
– a possibilidade de o entrevistado enveredar por uma pauta de respostas, caso o mesmo queira tão somente concluir a tarefa o mais cedo possível, sem realmente verificar as que melhor se ajustam à sua opinião.

Há diversos tipos de perguntas fechadas, as quais empregam:

a) alternativas dicotômicas, do tipo sim/não, verdadeira/falsa ou certo/errado;
b) múltipla escolha;
c) alternativas hierarquizadas.

A elaboração de qualquer um desses tipos de perguntas requer que se considerem as alternativas excludentes e exaustivas.

A técnica de escolha múltipla é facilmente tabulável e proporciona uma exploração em profundidade quase tão boa quanto a de perguntas abertas.

6.2.4. Vantagens e limitações do questionário

O questionário, como as demais técnicas de coleta de dados, apresenta vantagens e desvantagens. Entre as vantagens, pode-se destacar que:

– atinge maior número de pessoas simultaneamente;
– abrange uma área geográfica ampla;

– obtém respostas mais rápidas e precisas, que materialmente seriam inacessíveis;

– oportuniza mais liberdade nas respostas, porque os respondentes não são identificados;

– apresenta mais uniformidade de uma medição a outra, em face de o vocabulário, a sequência das perguntas e as instruções para respondê-las serem idênticas para quantos forem consultados;

– disponibiliza tempo suficiente para responder às perguntas que compõem o questionário;

– há menos risco de distorção, pela não influência do pesquisador;

– possibilita mais uniformidade na avaliação, em virtude da natureza impessoal do instrumento.

Quanto às desvantagens, pode-se mencionar:

– aplicação restrita a pessoas alfabetizadas;

– impossibilidade de ter certeza de que a informação proporcionada pelo respondente é real ou corresponde à realidade;

– dificuldades de confiabilidade, uma vez que as respostas sofrem influência das emoções da ocasião e das opiniões dominantes, determinadas por diversas circunstâncias de vida;

– a não interpretação correta das indagações, dificultando a compreensão do informante;

– exigência de um universo mais uniforme;

– uniformidade aparente causada pelo não entendimento das questões propostas aos respondentes.

6.3. Formulário

O formulário é um dos instrumentos essenciais para a investigação social, cujo sistema de coleta consiste em obter informações diretamente do entrevistado.

São três as qualidades essenciais de todo o formulário, apontadas por Ander-Egg:

a) Adaptação ao objeto de investigação.

b) Adaptação aos meios que se possui para realizar o trabalho.

c) Precisão das informações em um grau de exatidão suficiente e satisfatório para o objetivo proposto.

A observância de alguns aspectos é necessária na construção do formulário, para facilitar o manuseio e sua posterior tabulação.

Devem ser levados em conta o tipo, o tamanho, o formato do papel, assim como a estética e o espaçamento. Em cada item deve haver espaço suficiente para a redação das respostas. A redação tem de ser simples, clara, concisa. Os itens em demasia devem ser evitados, pois, para os pesquisadores, são motivo de má impressão, de questionários ou formulários antiestéticos em termos de papel, grafia, disposição, conteúdo e formulação das perguntas.

6.4. Internet

A importância da Tecnologia da Informação e das Telecomunicações e, em particular, da Internet se torna cada vez mais cara no início deste milênio. Há tecnologias que estão revolucionando a ciência, a economia e a sociedade como um todo. Dada sua manifesta importância estratégica, trata-se de um setor que requer a implantação de um vigoroso sistema de pesquisa e desenvolvimento que, ao mesmo tempo em que se avança o conhecimento científico e tecnológico na área, propicie a formação, em grande escala, de recursos humanos altamente qualificados. Esses recursos humanos serão importantes para o próprio sistema de pesquisa, para os quadros de novas empresas, bem como para o próprio surgimento de novas pequenas empresas. Os recursos humanos atualmente disponíveis estão muito aquém do que seria necessário para responder ao desafio de dominar essa tecnologia. Uma bem-sucedida ação articulada na implantação desse sistema de pesquisa criaria, em particular, condições diferenciadas para tornar o Estado de São Paulo ainda mais atrativo como polo de alta tecnologia. A importância e a oportunidade dessa ação ficam ainda mais realçadas pela recente aprovação da Lei de Informática, que deverá estimular significativos investimentos por parte de empresas em Tecnologia da Informação.

Para obter sucesso numa busca, o usuário tem de ter uma ideia do tipo de informação que quer encontrar. Assim, ele poderá direcionar melhor sua pesquisa, escolhendo a ferramenta mais apropriada.

Outro fator que deve ser observado é que quanto mais genérico o assunto, mais chances o usuário terá de receber múltiplas respostas ao fazer a busca. Isto porque a busca geralmente é feita por palavras. Então, quanto mais palavras o usuário especificar, menos resposta o usuário irá obter, e estas terão uma precisão maior.

Antes de qualquer coisa, se você sabe quem é o responsável pela informação que você busca, vá primeiramente ao *site* deste, se existir. Exemplos: informações sobre produtos de uma determinada companhia podem ser encontradas no *site* desta, sobre a Universidade de São Paulo no *site* da USP, sobre livros em bibliotecas virtuais e assim por diante. Entretanto, ao começar pelo *site* institucional de alguma empresa, pode ocorrer o seguinte:

• O *site* possui uma estrutura de navegação confusa, e a informação não é encontrada; se o *site* possuir um mecanismo de busca interno, experimente utilizá-lo.

• A informação não foi disponibilizada na Internet.

• Você encontrou a informação, mas a linguagem do *site* é confusa.

• Se for um *site* de uma empresa falando de seu produto, você só saberá das vantagens deste.

• Não existe um *site* do responsável pela informação.

6.4.1. Tipos de *sites* de pesquisa

Se o primeiro passo não trouxe a informação procurada de maneira satisfatória, o próximo passo será utilizar os *sites* de pesquisa. Use-os quando você não souber qual *site* possui a informação ou quando você conhecer o *site*, mas não tiver conseguido achar a informação ou ainda quiser encontrar uma opinião diferente sobre o mesmo assunto em outro *site*. Há vários tipos de *sites* que poderão ser pesquisados, mas é preciso saber que existem basicamente dois tipos de *sites* de pesquisa:

– *Catálogo ou Diretório*: os *sites* da internet são visitados e cadastrados por pessoas e então organizados dentro de uma determinada classificação por assunto. A vantagem deste tipo de *site* é que a descrição do *site* é bem precisa, porque foi feita por uma pessoa que viu o conteúdo do *site*. A desvantagem é que como o processo é lento, o *site* pode ter sofrido muitas mudanças após o cadastramento, e seu conteúdo pode não ter mais relação nenhuma com o que foi cadastrado ou, pior, o *site* pode não existir mais. Catálogos são úteis quando temos uma noção do tipo genérico de assunto que buscamos, por exemplo, Finanças, Turismo, Informática etc. e desejamos nos aprofundar seguindo a hierarquia do *site*. Exemplos de catálogos são o *Yahoo!* e o *Cadê?*

– *Mecanismos de Busca:* a indexação dos *sites* é feita por programas especiais chamados "robots", que varrem a internet e leem o cabeçalho e o texto das páginas do *site*, colocando essas informações num banco de dados. A vantagem deste método é a maior abrangência, ou seja, devido à rapidez, muito mais *sites* são cadastrados e, além disso, os "robots" eliminam automaticamente os *sites* que não existem mais, quando o *site* não responde. A desvantagem é que nem sempre o "robot" consegue obter de maneira precisa os dados de uma página, lendo a uma descrição errada ou, pior ainda, a linguagem de programação da página, que para um ser humano não faz nenhum sentido. Mecanismos de busca são úteis quando buscamos palavras-chave específicas. Exemplos de mecanismos de busca são o Altavista, Infoseek, Lycos e Excite.

Pode-se pesquisar na internet:

a) *Sites de pesquisa por tipo de informação*
A escolha dos *sites* de pesquisa depende do tipo de informação que é buscada:

• *Pessoa ou empresa*: sites de pesquisa genéricos para encontrar a página de uma pessoa ou empresa; para localizar o telefone, tente os *sites* de companhias telefônicas, alguns possuem *links* para o serviço 102 pela Internet. No caso do Ceará, pode ser citado o *site* da Telefônica em *http://www.listel.com.br*, e dentro da Universidade de Fortaleza, o *http://www.unifor.br*. Existem também listas públicas de *e-mails* como o *Whowhere* em *http://www.whowhere.com* nos Estados Unidos, e o *CadêVocê?* em *http://www.cadevoce.com.br* no Brasil, mas apenas as pessoas cadastradas podem ser encontradas.

• *Termos técnicos de informática*: consulte o *http://www.webopedia.com*, que retorna a definição e uma lista com *links* para *sites*, nos quais a pessoa poderá aprofundar-se a respeito do termo procurado.

• *Pesquisa científica*: existem mecanismos de pesquisa específicos relacionados à pesquisa científica, tais como o Scielo (*http://www.scielo.br*) e o Prossiga do CNPQ (*http://prossiga.cnpq.br*).

• *Listas de discussão*: um catálogo de listas brasileiras de discussão pode ser obtido em *http://listas.actech.com.br* .

• *Programas*: consulte o *http://ftpsearch.lycos.com* para busca de arquivos na internet. Armazena *links* para *sites de ftp* anônimos, mostrando onde o arquivo procurado se encontra. Alguns *links* podem, entretanto, estar desatualizados.

• *Mensagem de erro que ocorreu durante a execução de um programa*: consulte o *http://www.dejanews.com,* que armazena um grande número de *newsgroup*s da internet. *Site* muito bom para se descobrir porque determinada coisa não funciona, contendo explicações sobre *bugs* em geral, mensagens de erro, dúvidas técnicas. Permite direcionar a busca para as mensagens mais recentes (padrão) ou para as mensagens arquivadas.

• *Assuntos específicos*: aqui a estratégia pode ser buscar primeiramente nos *sites* de pesquisa genéricos enfocados no próximo item.

b) *Exemplos de sites de pesquisa genéricos*

• *http://www.altavista.com*
É a "mãe" de todos os *sites* de busca. Armazena *links* para praticamente todas as páginas da *web* existentes no mundo. Usar em última instância ou quando se está à procura de assuntos bastante específicos ou nomes. A melhor estratégia é especificar o maior número de termos possíveis na busca. O Altavista diferencia caracteres maiúsculos e minúsculos durante a pesquisa e você pode colocar perguntas de maneira coloquial, por exemplo: *"Where can I find hardware sites?"*. Antes de usar o Altavista, invista um de tempo lendo o *Help* dele, pois as buscas terão melhores resultados. Possui também recursos de pesquisa de imagens e arquivos MP3.

• *http://www.yahoo.com, http://www.yahoo.com.br*
Armazena *links* para páginas na internet sobre os mais variados temas. Esses *links* estão separados hierarquicamente por assunto, e o usuário pode navegar

dentro dessa hierarquia, além de poder usar a ferramenta de busca. As informações nele estão bem organizadas, e as descrições são precisas, mas a abrangência é pequena em relação ao tamanho da internet e muitas vezes estão desatualizadas.

• *http://www.cade.com.br*
Cadê? é o catálogo mais antigo da internet brasileira e se parece muito com o *Yahoo!*, com uma boa organização e descrição dos *sites*, mas possui muitos *sites* desatualizados, além de o carregamento das páginas às vezes ser lento, pois retorna um número muito grande de páginas.

• *http://www.surf.com.br*
Mecanismo de busca de *sites* em português.

Na internet em língua inglesa, os catálogos e mecanismos de pesquisa principais são conhecidos como "Big 8", do qual o *Yahoo!* e o *Altavista* fazem parte. Alguns outros mecanismos de busca deste grupo possuem um método de indexação semelhante ao *Altavista*.

c) *Metapesquisa*

Sites de *metapesquisa* chamam automaticamente vários outros *sites* de pesquisa que consolidam e organizam os resultados mais relevantes. A vantagem deste tipo de *site* é que consulta vários outros *sites* ao mesmo tempo, reunindo o poder de todos eles num só lugar. A desvantagem é que às vezes não conseguem contactar os outros *sites* ou se tornam extremamente lentos para apresentar os resultados.

• *http://www.miner.com.br*
Este *site* de metapesquisa pode pesquisar *sites* de pesquisa da internet, mas também pesquisa preços de CDs, livros, programas, músicas, pessoas etc. sempre em vários *sites* de pesquisa. No caso de livros, por exemplo, a pesquisa é simultânea nas diversas livrarias virtuais, retornando inclusive os preços dos títulos encontrados.

• *http://www.metacrawler.com*
Pesquisa os principais *sites* de pesquisa simultaneamente. Possui também a opção de pesquisa em *newsgroups*, à semelhança do *Dejanews*.

CAPÍTULO V

Amostragens Probabilísticas e não Probabilísticas em Pesquisa

É quase impossível obter informações de todos os indivíduos ou elementos que formam o grupo pesquisado, seja porque o número de elementos é demasiado grande, os custos são muitos elevados e o tempo pode tornar-se longo, atuando como agente de distorção. Essas e outras razões obrigam os pesquisadores a trabalhar com apenas uma parte dos elementos, representante do todo pesquisado, que compõe o grupo a ser estudado. Daí decorre a necessidade de se usar uma *amostra,* que é um percentual dentro e representativo do universo. *A amostra é qualquer parte de uma população da pesquisa que será realmente investigada.* Se todos os elementos de uma população fossem idênticos, não haveria necessidade de selecionar uma amostra; bastaria estudar somente um deles para conhecer as características de toda a população. Amostragem é o processo de colher amostras de uma população que apresenta várias técnicas. As técnicas utilizadas para seleção de amostras variam de conformidade com os seus tipos, sejam elas probabilísticas, não probabilísticas ou estatísticas.

Neste capítulo, estudar-se-ão os conceitos e as teorias básicas necessárias para a compreensão da prática da amostragem e de suas técnicas indispensáveis à coleta de dados e informações sobre os elementos da população. O emprego das técnicas de amostragem adequadas a cada tipo de pesquisa é imprescindível à coleta e à análise científica séria para o bom resultado final das pesquisas. Trabalhar com amostras em pesquisas significa economia de mão de obra, tempo e dinheiro, além de elevar a precisão dos resultados. Além dos conceitos, da tipologia das amostras, ver-se-ão como definir a população a ser pesquisada, como identificar uma lista de todas as unidades amostrais da população, decidir o tamanho da amostra, selecionar um procedimento específico através do qual a amostra será determinada e compor fisicamente a amostra.

1. Vantagens da amostragem

A amostragem está baseada em duas premissas: a primeira é a de que há similaridade suficiente entre os elementos de uma população, de tal forma que uns poucos elementos representarão adequadamente as suas características; a segunda é a de que a discrepância entre os valores das variáveis da população e os valores dessas variáveis obtidos na amostra é minimizada.

Os pesquisadores utilizam as amostras na pesquisa em função das grandes vantagens que oferecem quando comparadas aos censos, não só porque economizam mão de obra, dinheiro, tempo, mais também porque possibilitam rapidez na obtenção dos resultados. Além disso, a amostra pode colher dados mais precisos e é a única opção quando o estudo resulta em destruição ou contaminação dos elementos pesquisados.

2. Qualidades de uma boa amostra

A essência de uma boa amostra consiste em estabelecer meios para inferir, o mais precisamente possível, as características da população através das medidas das características da amostra. As qualidades que uma boa amostra deve ter para atender a essas características são:

• Precisão – refere-se à exatidão dos resultados, ou seja, à medida do erro amostral; quanto menor o erro amostral, mais precisa é a amostra.

• Eficiência – refere-se à medida de comparação entre diversos projetos amostrais. Podemos dizer que um projeto é mais eficiente do que outro se, sob condições específicas, trouxer resultados mais confiáveis do que o outro ou se, para um dado custo, produzir resultados de maior precisão, ou ainda se resultados com a mesma precisão forem obtidos a um menor custo.

• Correção – refere-se ao grau de ausência de vieses não amostrais na amostra. Erros sistemáticos podem ser definidos como variações nas medidas resultantes de influências conhecidas ou não, que fazem com que os resultados pendam mais numa direção do que em outra. Como exemplo, podemos citar uma pesquisa eleitoral conduzida exclusivamente por telefone. Esse é um tipo de amostra incorreta. Seus resultados serão totalmente "viesados", pois a população de possuidores de telefones, de onde a amostra foi retirada, é constituída, predominantemente, de pessoas de classe alta e média, que não correspondem à população de eleitores.

3. Passos para a seleção de uma amostra

Dentro de um processo de seleção de amostras, devem ser seguidos os cinco importantes passos:

– Definir a população a ser pesquisada.
– Identificar uma lista de todas as unidades amostrais da população.
– Decidir o tamanho da amostra.
– Selecionar um procedimento específico através do qual a amostra será determinada.
– Selecionar fisicamente a amostra tendo por base os procedimentos dos passos anteriores.

4. Problemas solucionados pelas amostras

Os problemas que interessam ao pesquisador resolver, mediante o estudo de uma ou mais amostras, são principalmente de três tipos:

a) Estimar os parâmetros da população com base no conhecimento dos estatísticos de uma amostra.
b) Determinar se uma amostra de estatístico conhecido provém de uma população da qual se conhece seus parâmetros.
c) Determinar se duas ou mais amostras, conhecendo-se seus dados estatísticos, provêm da mesma população.

5. Tipos de amostragens

Os principais tipos de amostras mais conhecidas e usadas em pesquisas são as *não probabilísticas*, em que, como o próprio nome indica, nem todos os elementos que compõem o universo da pesquisa têm possibilidade de fazer parte ou serem selecionados para pertencer à amostra utilizada na pesquisa, e a *probabilística*, em que, em geral, os sujeitos ou elementos do universo têm possibilidade de serem escolhidos para pertencer à amostra.

A *amostragem não probabilística* é aquela em que a seleção dos elementos da população para compor a amostra depende do julgamento do pesquisador ou do entrevistador no campo. Não há nenhuma chance conhecida de que um elemento qualquer da população venha a fazer parte da amostra. Esse tipo de amostra não faz uso de uma forma aleatória de seleção, portanto não pode ser objeto de certos tipos de tratamento estatístico, o que diminui a possibilidade de inferir para todos os resultados obtidos para a amostra. É por esse motivo que a amostragem não probabilística é pouco utilizada.

A *amostragem probabilística* caracteriza-se por ser aquela em que cada elemento da população tem uma chance conhecida e diferente de zero de ser selecionado para compor a amostra. Ela é caracterizada pelo conhecimento da probabilidade de que cada elemento da população possa ser selecionado para fazer parte da amostra. Baseia-se na escolha aleatória dos pesquisadores, significando o aleatório que a seleção se faz de forma que cada membro da população tenha a mesma probabilidade de ser escolhido. Essa maneira permite a utilização de tratamento estatístico, que possibilita compensar erros amostrais e outros aspectos relevantes para a representatividade e significância da amostra.

A amostra *não probabilística* é:

– Conveniência ou acidental.
– Intencional ou julgamento.
– Por quotas ou proporcional.

Esta última, por quotas ou proporcionais, subdivide-se em:

– Autogerada.
– Por tráfego.
– Desproporcional.

A probabilística é:

– Aleatória simples.
– Aleatória estratificada.
– Por conglomerado.

Esta, por conglomerado, tem duas variações:

– Sistemática.
– Por área.

Para a escolha do processo de amostragem, o pesquisador deve levar em conta:

– O tipo de pesquisa.
– A acessibilidade aos elementos da população.
– A disponibilidade ou não de ter elementos da população num só rol.
– A representatividade desejada ou necessária.
– A oportunidade apresentada pela ocorrência de fatos ou eventos.
– A disponibilidade de tempo, recursos financeiros e humanos etc.

Essa é uma decisão que cabe exclusivamente ao pesquisador.

5.1. Amostragem probabilística

Há três tipos mais comuns de amostras probabilistas: aleatórias simples, aleatórias estratificadas e as por conglomerado.

5.1.1. Aleatória simples ou casual

As amostras aleatórias simples, também conhecidas como amostragem casual, randômica, acidental, consistem basicamente em atribuir a cada elemento do universo um número único para, depois, selecionar alguns desses elementos de maneira casual. Essa amostra caracteriza-se pelo fato de cada elemento da população ter probabilidade conhecida, diferente de zero, idêntica à dos outros elementos, de ser selecionado para compor a amostra. Para utilizar esse tipo de amostra, é necessário possuir uma lista completa dos elementos que fazem parte da população. Essa lista de elementos denomina-se marco de referência ou base de amostragem. Para a realização do sorteio, são utilizadas as tabelas de números aleatórios, como exemplo a seguir:

69 23 46 14 06	20 11 74 52 04	15 95 66 29 00	18 74 39 24 23
97 11 89 63 38	19 56 54 14 30	01 75 87 53 79	40 41 92 15 85
66 67 43 68 06	84 96 28 52 07	45 15 51 49 38	19 47 60 72 46
43 66 79 45 43	50 04 79 00 33	20 82 66 95 41	94 86 43 19 94
36 16 81 08 51	4 88 85 15 53	01 54 03 54 56	05 01 45 11 76
98 08 62 48 26	45 24 02 84 04	44 99 90 88 96	39 09 47 34 07
35 44 13 18 80	3 18 51 62 32	41 94 15 09 49	89 43 54 85 81
88 69 54 19 94	37 54 87 30 43	80 95 10 04 06	96 38 27 07 74
20 15 12 33 87	5 01 62 52 98	94 62 46 11 71	79 75 24 91 40
71 96 12 82 96	69 86 10 25 91	74 85 22 05 39	00 38 75 95 79
18 63 33 25 37	98 14 50 65 71	31 01 02 46 74	05 45 56 14 27
77 93 89 19 36	74 02 94 39 02	77 55 73 22 70	97 79 01 71 19
52 56 75 80 21	80 81 45 17 48	54 17 84 56 11	80 99 33 71 43
05 33 51 29 69	56 12 71 92 55	36 04 09 03 24	11 66 44 98 83
52 07 98 48 27	59 38 17 15 39	09 97 33 34 40	88 45 12 33 56
48 32 47 79 28	31 24 96 47 10	02 29 53 68 70	32 30 75 77 46
15 02 00 99 94	69 07 49 41 38	87 63 79 19 76	35 58 40 44 01
10 51 82 16 15	01 84 87 69 38	42 38 49 68 21	98 29 36 33 06

Para usar a tabela acima citada, deve-se seguir a seguinte sequência:

a) elaborar uma lista dos itens da população;

b) numerar consecutivamente os itens na lista, começando do zero;

c) ler os números na tabela de modo que o número de algarismos em cada um seja igual ao número de algarismos do último número da listagem;

d) desprezar qualquer número que não corresponda a números da lista ou que sejam repetidos de números lidos anteriormente;

e) utilizar os números assim escolhidos para identificar os itens da lista a serem incluídos na amostra.

Entre as vantagens da amostragem aleatória simples, cita-se:

– requer mínimo conhecimento da população;

– é simples de calcular;

– facilita análise.

Entre as desvantagens, cita-se:

– não garante inclusão de casos minoritários em populações muito grandes.

Ainda referente à amostragem aleatória simples, existem dois princípios básicos relacionados com a representatividade das amostras aleatórias:

a) Quanto maior for a fração de amostragem, maior será a probabilidade de obter uma amostra representativa.

b) Se a população tem mais de 1.000 elementos e a fração de amostragem é de pelo menos 10%, a amostra tem uma probabilidade aceitável de ser representativa.

5.1.2. Aleatória estratificada

A amostra aleatória estratificada caracteriza-se pela seleção de uma amostra de cada subgrupo da população considerada. O fundamento para delimitar os subgrupos ou estratos pode ser encontrado em propriedades como sexo, idade ou classe social. Muitas vezes essas propriedades são combinadas, o que exige uma matriz de classificação. Por exemplo, quando combinamos homem e mulher "maior de 18 anos" com "menor de 18 anos", resultam quatro estratos: "homem menor de 18 anos", "mulher menor de 18 anos", "homem maior de 18 anos" e "mulher maior de 18 anos".

Eis suas vantagens:

– assegura representatividade com respeito à propriedade que dá a base para classificar as unidades;
– permite melhor comparação e estimação da população.

As desvantagens são:

– requer informações precisas acerca da população dos estratos na população;
– se não há listas estratificadas, o trabalho pode ser difícil e dispendioso.

Para a realização de amostragens estratificadas, devemos seguir os procedimentos abaixo:

a) dividir a população que é objeto do estudo em estratos que sejam mutuamente exclusivos e coletivamente exaustivos;
b) definir o número de elementos a selecionar em cada estrato;
c) selecionar uma amostra aleatória simples e independente em cada estrato;
d) calcular a média e o desvio padrão de cada amostra;
e) compor as médias e os desvios padrões de cada amostra para o cálculo da média e do desvio padrão que será usado como indicador dos parâmetros da população.

5.1.3. Por conglomerado

O tipo de amostra por conglomerado é indicado em situações em que é bastante difícil a identificação de seus elementos. Nesse caso são sorteados simultaneamente grupos de elementos da população. Para isso a população deve ser subdividida em grupos mutuamente exclusivos e coletivamente exaustivos. A partir dessa divisão, é possível selecionar aleatoriamente os elementos que farão parte da amostra. Exemplos comuns desse tipo de amostragem por conglomerados são quarteirões, famílias, organizações, edifícios e outros.

Vantagens:

– custos menores na coleta de dados;
– maior facilidade de substituição dos elementos da amostra.

Desvantagens:

– erros maiores;
– cada elemento deve ser colocado em um conglomerado.

5.2. Amostragem não probabilística

Há várias razões para o uso deste tipo de amostragem, como: não existir outra alternativa viável; é uma amostragem tecnicamente superior na teoria; a obtenção de uma amostra de dados que reflitam precisamente a população não seja o propósito principal da pesquisa; pesquisa de motivação; tempo e recursos financeiros, materiais e humanos para a realização de uma pesquisa com amostragem probabilística.

5.2.1. Por conveniência ou acidentais

O próprio nome insinua que as amostras por conveniência ou acidentais são as selecionadas por alguma necessidade ou conveniência do pesquisador. É o tipo de amostragem menos confiável, apesar de barata e simples. É utilizada geralmente para testar ideias ou para obter ideias sobre determinado assunto de interesse. Alguns exemplos:

– solicitar pessoas que voluntariamente testem um produto e em seguida respondam a uma entrevista;
– parar pessoas num supermercado e colher sua opiniões;
– durante um programa de televisão ao vivo, colocar à disposição dos telespectadores linhas telefônicas acopladas a computadores para registrar opiniões a favor ou contra alguma colocação.

5.2.2. Intencionais ou por julgamento

Nas amostras intencionais há sempre um bom julgamento e estratégia adequada. Podem ser escolhidos os casos a serem incluídos e, assim, chegar a amostras que sejam satisfatórias para as necessidades da pesquisa. Uma estratégia muito utilizada na amostragem intencional é escolher casos julgados como típicos da população em que o pesquisador está interessado, supondo-se que os erros de seleção tenderão a contrabalançar-se. Pela lógica da estatística, essa suposição não é exata. Um exemplo em que a amostra intencional traz bons resultados, quando se quer verificar as razões de compra ou não compra de determinado produto, é escolher dois grupos de elementos a serem pesquisados: os usuários e os não usuários do produto.

5.2.3. Por quotas ou proporcionais

As amostras por quotas constituem um tipo especial de amostras intencionais. O pesquisador procura obter uma amostra que seja similar, sob alguns aspectos, à população. Há necessidade de se conhecer a distribuição na população de algumas características controláveis e relevantes para o delineamento da amostra. Esse tipo de amostra apresenta vários problemas em sua aplicação, mas, apesar dos problemas, é muito utilizado em pesquisa de *marketing* pela sua simplicidade e baixo custo.

Dentro das amostras não probabilísticas por quotas, existem três tipos de variações: amostras por tráfego, autogeradas e desproporcionais. A primeira é utilizada em pesquisas que envolvem observar ou entrevistar pessoas que trafegam por determinado local, como pessoas dentro de uma loja de departamentos, visitantes de uma exposição etc. Os entrevistadores escolhem dentre os passantes aquelas a quem entrevistar, conforme as quotas determinadas. A segunda é utilizada quando o pesquisador desconhece o tamanho da população e a localização de seus elementos. E a última é aplicada a qualquer tipo de amostragem em que a proporção dos estratos na população seja conhecida.

6. Tamanho das amostras

Para que os dados obtidos num levantamento sejam significativos, é necessário que a amostra seja constituída por um número adequado de elementos. A estatística dispõe de procedimentos que possibilitam estimar esse número. Para tanto são realizados diversos cálculos.

O tamanho da amostra depende dos seguintes fatores: amplitude do universo; nível de confiança estabelecida; erro de estimação permitido; proporção da característica pesquisada no universo.

6.1. Amplitude

Segundo a amplitude, o universo da amostra divide-se em finito e infinito. Os universos finitos são aqueles que não ultrapassam as 100.000 unidades. E os infinitos são aqueles que ultrapassam essa quantidade. Essa diferença é importante para determinar o tamanho da amostra, pois as fórmulas utilizadas nos dois casos são distintas.

6.2. Nível de confiança estabelecido

O nível de confiança é a área curval normal que se pretende abranger. Se desejamos fazer uma pesquisa com 95% de segurança, temos de abranger 95% da área de curva. Geralmente, nas pesquisas sociais, trabalha-se com um nível de confiança de 95%. Isso significa que existe uma probabilidade de 95%, em 100%, de que qualquer resultado obtido na amostra seja válido para o universo. Quando se deseja maior segurança, trabalha-se com um nível de confiança de 99,7%.

6.3. Erro de estimação permitido

Os resultados da amostra não podem ser rigorosamente exatos em relação ao universo; supõem erros de medição. Obviamente, esses erros diminuem à medida que o tamanho da amostra aumenta. Geralmente, nas pesquisas sociais, trabalha-se com um erro de 4 ou 5%, não aceitando um erro maior que 6%.

6.4. Proporção da característica pesquisada no universo

O quarto fator que intervém no cálculo do tamanho da amostra é a estimativa da proporção que a característica pesquisada apresenta no universo.

As fórmulas para calcular o tamanho da amostra incluem os quatro fatores mencionados. Há também tabelas que indicam o tamanho necessário para determinados níveis de confiança, no caso de estimações e proporções de certas características no universo. Para isso, torna-se necessário o estudo estatístico complementar às amostragens. A utilização dessas tabelas em pesquisa é imprescindível, pois se torna impossível, sem seu uso, obter dados e informações dos indivíduos ou elementos que fazem parte da população.

Recomenda-se aos alunos auxiliares de pesquisa, assim como aos pesquisadores de determinado tema, que sigam rigorosamente os passos metodológicos para seleção de uma amostra, levando em consideração os critérios para a obtenção de uma boa amostragem.

CAPÍTULO VI

Estatística e Pesquisa

A estatística, assim como a matemática, ciências exatas por excelência, é de suma importância como auxiliar da pesquisa. Fornece os instrumentos de cálculos, de fundamento quantitativista para a pesquisa em geral.

Hoje, no campo da pesquisa, é muito comum utilizarmos a população como um meio para realizarmos nossos estudos. Observamos que é muito difícil estudar a população como um todo. Por isso, tornou-se essencial o uso da estatística para a solução desses problemas.

A estatística permite-nos trabalhar com a população através de amostras nela coletadas aleatoriamente, não garantindo total confiança, mas estimando uma probabilidade de erros que podem ocorrer em seu diagnóstico, facilitando a administração destes desvios errôneos e agilizando o trabalho do pesquisador, bem como reduzindo os seus custos de pesquisa, já que ele estará trabalhando com uma quantidade bem menor de pessoas.

Por isso, constatamos que o estudo da estatística é muito importante na vida dos administradores, pois estes, a todo momento, estarão utilizando-a em suas pesquisas para fins empresariais ou para fins de estudo.

Ao longo deste livro, estudaremos as principais formas de estudo da estatística que nos podem auxiliar na pesquisa científica; no trabalho de coleta de dados, no sentido de minimizar ao máximo os erros, aumentando cada vez mais a confiabilidade da pesquisa, tornando-a mais rápida, fácil e barata.

1. Estatística descritiva

O objetivo da estatística descritiva é promover uma sintetização e a descrição de dados numéricos para proporcionar ao pesquisador um melhor entendimento dos dados coletados. A estatística descritiva acompanha a um outro tipo de estatística, a chamada estatística inferencial.

A estatística inferencial apresenta o intuito de auxiliar na tomada de decisões a partir da observação de alguma amostra ou algum juízo estabelecido. É importante lembrar que essas decisões são tomadas em condições de incerteza, requerendo, portanto, na estatística inferencial, o uso da probabilidade para calcular a margem de erro contida naquela amostra estudada.

Todos os dados, quando são estudados em sua forma bruta, não proporcionam ao pesquisador um entendimento da situação. Para isso, é preciso que eles sejam organizados, caracterizados e processados, para que possam gerar uma informação. Esta é, portanto, a função básica da estatística, é ordenar precisamente os dados para proporcionar a quem os utiliza um melhor entendimento do que eles podem mostrar.

1.1. Tipos de dados

Os dados podem ser caracterizados de quatro formas diferentes e divididos em duas categorias. Quanto às categorias, eles podem ser quantitativos e qualitativos.

Os dados quantitativos são aqueles que se apresentam inerentemente numéricos. Estes podem ser divididos em dois tipos: dados contínuos e dados discretos.

Os dados contínuos são aqueles que podem assumir qualquer valor em um intervalo de valores. Como exemplos de dados contínuos, temos: peso, altura, espessura, comprimento, dentre outros. Estes dados são obtidos através de métodos de medição.

Os dados discretos são aqueles que assumem somente valores inteiros no intervalo de valores. Como exemplo de dados discretos, temos: número de peças defeituosas, número de pessoas em um domicílio, número de acidentes, número de alunos em uma sala de aula, dentre outros. Os dados discretos são em geral obtidos através da forma de contagem.

Os dados qualitativos são aqueles que se apresentam em forma de categorias ou avaliações subjetivas e que devem ser primeiramente transformados em valores numéricos para serem processados estatisticamente. Os dados quantitativos podem ser divididos em dois tipos: dados nominais e dados por postos ou ordinais.

Os dados nominais definem-se em categorias, e na transformação numérica conta-se o número de categorias. Como exemplos desses dados, podemos citar categorias como: sexo (masculino e feminino), estado civil (solteiro ou casado), grau de instrução (fundamental, médio ou superior), dentre outros.

Os dados por postos ou ordinais são dados com valores relativos atribuídos para denotar ordem. Como exemplo, podemos citar: a classificação em um concurso: primeiro, segundo, terceiro etc.

1.2. Análise em pequenos grupos de dados

Existem algumas técnicas na estatística que servem para diminuir o tamanho do conjunto de dados, para facilitar o trabalho com o manejo dos dados. Estas medidas são: medidas de tendência central e medidas de dispersão.

1.2.1. Medidas de tendência central

Estas medidas resumem-se em um valor que melhor representará um conjunto de dados. Existem três tipos de medidas de tendência central mais comuns que são: a média, a mediana e a moda. Veremos cada uma adiante.

1.2.1.1. Média aritmética

A média aritmética é uma forma de diminuição de um grupo de dados. Ela é obtida com a soma de todos os dados dividido pelo número de dados. Ela pode ser obtida com o uso da seguinte fórmula:

$$\bar{x} = \frac{\sum_{i=1}^{n} x_i}{n}$$

Exemplo:
Considere um estudante que fez quatro provas e obteve as seguintes notas: 7,6; 8,6; 9,2; 7,8. Sua média será:

$$\bar{x} = \frac{7,6 + 8,6 + 9,2 + 7,8}{4} = 8,3$$

Onde:
xi = termos
n = n. de termos

A média aritmética é a medida de tendência central mais usada. Podemos perceber isso claramente, porque existem características da média que nos comprovam isso. A média de qualquer conjunto de números pode ser sempre calculada, ela é sempre única, ela se altera se um valor do conjunto se alterar, e se somarmos uma constante a cada valor do conjunto, a média ficará aumentada no valor da constante somada. Outra característica é que se nós subtrairmos o resultado da média de cada valor do conjunto, o resultado final dará sempre zero, comprovando a segurança desse método.

1.2.1.2. Média geométrica

A média geométrica tem a mesma função da média aritmética, mas possui uma aplicabilidade diferente. A média geométrica é mais utilizada para o cálculo de taxas. Ela é calculada como sendo a "enésima" raiz do produto de "n" termos.

Fórmula:

$$xg = \sqrt[n]{x1.x2.x3...xn}$$

Onde:
xn = último termo
n = n. de termos

Exemplo:
Calcular a média geométrica das taxas anuais cobradas por uma sapataria em Fortaleza. As taxas foram: 3, 5, 4, 2.

$$xg = \sqrt[n]{3.5.4.2} = 3,30$$

1.2.1.3. Média ponderada

A média ponderada é a média aritmética com algumas ponderações. Ela atribuirá pesos que serão multiplicados por cada valor das parcelas do conjunto (essas parcelas ainda continuarão em soma) e será dividida pela soma dos próprios pesos atribuídos. A fórmula abaixo poderá ser utilizada para calcular o valor da média ponderada.

Fórmula:

$$\bar{x} = \frac{\sum_{i=1}^{n} w_i x_i}{\sum_{i=1}^{n} w_i}$$

Onde:
w_i = pesos
x_i = termos
n = n. de termos

Exemplo:
Suponhamos que um aluno faça um teste composto de uma prova parcial e outra final, sendo que a prova final tem o dobro do peso da parcial. Qual será a média deste aluno, sabendo-se que sua nota parcial foi 9,5 e a final foi 8,7?

$$Mp = \frac{1(9,5) + 2(8,7)}{1+2} = 8,9$$

1.2.1.4. Mediana

A mediana é uma medida de tendência central que consiste em dividir um conjunto de números ordenados ao meio. A mediana será o número que ficará localizado no meio, se os números estiverem ordenados crescentemente; a metade dos números que estiverem acima da mediana será a metade maior, e os números que estiverem abaixo da mediana serão a metade menor. A mediana é calculada da seguinte forma: para uma quantidade ímpar de números, a mediana é o valor do meio. Por exemplo, no grupo de números 1, 2, 3 ,4 ,5, já postos em ordem, a mediana será o número 3 ou (5+1)/2=3, o número que está na terceira posição. Para os números pares, a mediana será a média dos valores do meio, ou seja, no grupo de números 8, 9, 10, 11, a mediana será (9+10)/2=9,5 ou (4+1)/2=2,5, ou seja, o número que ocupa a 2,5ª posição. A fórmula geral para calcular a mediana está indicada abaixo.

Fórmula:

p/ n. ímpar $\dfrac{n+1}{2}$ p/ n. par $\dfrac{n}{2}$ e $\dfrac{n}{2}+1$

Exemplo:
Considere o seguinte conjunto de dados: 3, 5, 7, 3, 9, 2, 4, 8. Calcule sua mediana.
Colocando os número em ordem: 2, 3, 3, 4, 5, 7, 8, 9.

$\dfrac{8}{2} = 4^a\ posição$ $\dfrac{8}{2}+1 = 5^a\ posição$

Resposta: 4 e 5.

Considere os dados: 2, 3, 4, 8, 9. Calcule sua mediana.

$\dfrac{5+1}{2} = 3^a\ posição$

Resposta: 4

1.2.1.5. Moda

A moda é uma medida de tendência central que indica o valor que mais se repete em um conjunto de valores, ou seja, aquele que aparece mais vezes em um conjunto de números aleatórios. Por exemplo, no conjunto de números 5, 5, 7, 2, 5, a moda seria indicada como sendo o número 5, pois é o que mais aparece nesse conjunto. Portanto, a moda é o valor que ocorre com maior frequência em um conjunto de números aleatórios. Quando em uma amostra não existe um número que se repete com maior frequência, dizemos que essa amostra é amodal.

Não existe fórmula específica para se calcular a moda.
Exemplo:
Encontre a moda no seguinte conjunto de dados: 7, 8, 4, 2, 4, 2, 3, 4, 5, 9.
Mo = 4 (número que mais se repete).

1.2.2. Medidas de dispersão

As medidas de dispersão, diferentemente das medidas de tendência central, são utilizadas para calcular a dispersão de um conjunto de dados, ou seja, a distância apresentada entre um dado e outro. Existem quatro tipos de medidas de dispersão, são elas: o intervalo, o desvio médio, a variância e o desvio padrão. As três últimas utilizam a média como ponto de referência. Veremos a seguir cada um dos tipos com suas respectivas propriedades.

1.2.2.1. Intervalo

O intervalo é uma medida de dispersão que indica a distância do menor dado até o maior dado. Ele pode ser indicado de duas formas, a primeira seria o resultado da diferença entre o menor e o maior termo, a outra seria indicar o menor e o maior termo e dizer que a dispersão vai do menor para o maior. Temos isso respectivamente indicado no seguinte exemplo: no conjunto de dados 1, 5, 9, podemos dizer que a dispersão entre este conjunto de dados é 9-1=8 ou podemos dizer ainda que a dispersão desses dados vai de 1 a 9. A segunda forma é a mais adequada a se utilizar, por ser a mais completa em termos de informação.

Não existe fórmula específica para o cálculo do intervalo.
Exemplo:
Considere o seguinte conjunto de dados: 17, 23, 48, 32. Calcule o intervalo.
In = 48-17 = 31 ou In = 17 a 48 (mais indicado).

1.2.2.2. Desvio médio

O desvio médio é uma medida de dispersão que utiliza a média como ponto de referência. Ele mede o desvio médio do grupo com relação à média dos valores. O desvio médio é calculado, subtraindo-se cada termo do conjunto pela média deste. Em seguida, somam-se os resultados das diferenças, ignorando resultados com sinais negativos. Finalmente, calcula-se a razão do resultado da soma pelo número de observações no conjunto, e está tirado o desvio médio.

Fórmula:

$$Dm = \frac{\sum |x_i - x|}{n}$$

Onde:
x_i = termos
x = média
n = n. de termos

Exemplo:
Considere o seguinte conjunto de dados: 2, 4, 6, 8, 10. Calcule o desvio médio.
Calculando a média:

$$x = \frac{2+4+6+8+10}{5} = 6$$

2 - 6 = - 4
4 - 6 = -2
6 - 6 = 0
8 - 6 = 2
10 - 6 = 4

$\sum = 12$

$$Dm = \frac{12}{5} = 2,4$$

1.2.2.3. Variância

A variância é também uma medida de tendência central que utiliza a média como ponto de referência. A variância é calculada basicamente da mesma forma do desvio médio, a única diferença é que aqui temos de elevar os desvios (que são os resultados das diferenças vistas no desvio médio) ao quadrado, somá-los e tomar a média dividindo por n-1 (atenção: primeiro eleva-se ao quadrado e depois se faz a soma), quando o conjunto representar uma amostra. Quando for um conjunto que represente toda a população, dividiremos o resultado por n apenas. A variância é utilizada quando queremos somente descrever dados, e não fazer inferências. A variância não exprime a mesma medida de unidade da média, ela exprime o quadrado da medida da média. Poderemos calcular a variância utilizando as fórmulas abaixo:

Fórmula para amostra:

$$sx^2 = \frac{\sum (x_i - \bar{x})^2}{n-1}$$

Fórmula para população:

$$rx^2 = \frac{\sum (x_i - x)^2}{N}$$

Onde:
x_i = termos
x = média
n = n. de termos
N = n. de termos da população

Exemplo:
Calcule a variância do seguinte conjunto de dados: 2, 4, 6, 8, 10.

$$x = \frac{2+4+6+8+10}{5} = 6$$

Calculando a média:

$x_i - \bar{x}$ $(x_i-\bar{x})^2$

2 - 6 = -4   16
4 - 6 = -2   4
6 - 6 = 0   0
8 - 6 = 2   4
10 - 6 = 4   16

$$S_{x^2} = \frac{40}{5-1} = 10$$

1.2.2.4. Desvio padrão

O desvio padrão é outra medida de tendência central que utiliza a média como ponto de referência. O desvio padrão é calculado apenas tirando-se a raiz positiva da variância. Ele é muito utilizado para distribuições e é uma das medidas de tendência central mais utilizada. Ao contrário da variância, o desvio padrão exprime a mesma unidade de medida da média, por exemplo, se a média de algo estiver sendo expressa em metros, o desvio padrão será expresso também em metros, enquanto que a variância estará sendo expressa em metros elevado ao quadrado. As fórmulas abaixo podem ser utilizadas para calcular o desvio padrão.

Fórmula:
$$S = \sqrt{\frac{\sum (x_i - \bar{x})^2}{n-1}}$$

Fórmula abreviada:
$$S = \sqrt{\frac{\sum x_i^2 - [(\sum x_i)^2 / n]}{n-1}}$$

Exemplo:
Calcule o desvio médio do seguinte conjunto de dados: 10, 9, 2, 6, 5, 3.

$\sum x_i = 10 + 9 + 2 + 6 + 5 + 3 = 35$

$\sum x_i^2 = 10^2 + 9^2 + 2^2 + 6^2 + 5^2 + 3^2 = 255$

$$S = \sqrt{\frac{255 - (35^2 / 5)}{6-1}} = 2$$

1.3. Análise de grandes conjuntos de dados

Os dados, quando estão dispostos em grande quantidade, precisam ser organizados separadamente por uma ordenação, classificação ou catalogação. Quando uma grande quantidade de dados estão dispostos aleatoriamente, fica difícil de se trabalhar com eles, portanto, é preciso, antes de mais nada, organizar esses dados, para facilitar o seu uso e assim diminuir as possibilidades de erros e de demora que possam surgir devido à complexidade de se trabalhar com os dados não organizados. Para efetuar essa organização, podemos dividir os dados em grupos ou categorias, através da distribuição de frequência.

1.3.1. Distribuições de frequência

A distribuição de frequência é uma medida de agrupamento de dados. Este método consiste em simplificar a leitura dos dados, agrupando-os em classes ou intervalos, disponibilizando o número ou porcentagem de observações chamadas frequência de classes. Esta medida é muito importante quando se trabalha com grandes quantidades de dados. A distribuição de frequência pode ser apresentada sob forma gráfica ou tabular e podemos utilizá-la para dados contínuos ou discretos: isso vai modificar o processo de construção da distribuição. É importante lembrar que qualquer frequência pode ser expressa em formato decimal ou percentual. Veremos a seguir os diferentes tipos de processos de construção de distribuição de frequência.

1.3.1.1. Distribuição de frequência para dados contínuos

Para construir uma distribuição de frequência contínua, devemos antes de tudo pegar um grande conjunto de dados e dividi-los em classes ou intervalos. A primeira coisa a se fazer é determinar o intervalo dos dados. O segundo passo é decidir o número de classes que serão usadas. A melhor opção é decidir entre 5 e 15 classes para evitar ficar muito resumido ou muito extenso. O terceiro passo é identificar a amplitude (k) de cada classe, dividindo o intervalo pelo número de classes. O quarto e último passo é estabelecer os intervalos em cada classe, começando do dado mais baixo, como sendo o limite inferior, da primeira classe e a soma deste com a amplitude, determinando o limite superior. Vale a pena lembrar que o número que determinar o limite superior não estará incluso na primeira classe, e sim somente os números que estiverem abaixo dele, e que o limite inferior estará sempre incluso na primeira classe. O limite superior da primeira classe será o limite inferior da segunda, o limite superior da segunda será o limite inferior somado à amplitude e assim por diante. Por exemplo: se tivermos o número 2 como limite inferior da primeira classe e a amplitude for k = 5, o limite superior da primeira classe será 2 + 5 = 7. O 7 não estará incluso na primeira classe, ele será o limite inferior da segunda e estará incluso na segunda classe. Poderíamos representar o primeiro intervalo de seguinte forma: 2 < 7.

Exemplo:
Construa a distribuição de frequência dos seguintes dados: 2, 1, 3, 4, 3, 5, 3, 7, 2, 8, 4, 1, 4, 9, 4, 5, 6, 8, 5, 4, 7, 1, 8, 9, 8, 5, 4, 3, 5, 4, 6, 3.

Classes	Fi
2 =< 3	2
3 =< 4	3
4 =< 5	4
5 =< 6	2
6 =< 7	2
7 =< 8	1
8 =< 9	2

$\sum 16$

1.3.1.2. Distribuição de frequência para dados discretos

A distribuição de frequência para dados discretos é bem mais simples de ser construída do que a distribuição para dados contínuos. Esta distribuição pode ser construída a partir da contagem de elementos iguais em um grande conjunto de dados, agrupando-os em classes, sendo a freqüência a quantidade de vezes que um número aparece. A distribuição também pode ser construída da mesma forma da distribuição contínua, mas esta não irá representar total segurança da natureza dos dados. Por exemplo: se tivermos o conjunto de números 0, 8, 3, 8, 9, 7, 4, 5, 4, 5, 6, 9, 7, 2, 1. Poderemos nomear as classes como sendo os números (Ex.: 0, 1, 2...), e a frequência será a quantidade de vezes que aquele número aparece. Esta distribuição também pode ser construída de modo semelhante à distribuição contínua (nomeando as classes como 0-2, 2-4, 4-6...), mas desta forma apresentará perda de informação.

Exemplo:
Construa a distribuição de frequência para o seguinte conjunto de dados: 3, 5, 6, 8, 9, 1, 5, 8, 7, 9, 4, 3, 4, 5, 8, 7.

Classes	Fi
1	1
3	2
4	2
5	3
6	1
7	2
8	3
9	2

$\sum 16$

1.3.1.3. Construção de uma distribuição de frequência acumulada

A distribuição de frequência acumulada baseia-se na soma de todas as frequências em ordem crescente, começando da frequência da primeira classe e somando-se sucessivamente às outras. A frequência da primeira classe será o número que a representa somado a zero. A frequência da segunda classe será a frequência da primeira somada a da segunda e assim por diante, até chegar à última classe e definir a soma total das frequências. Esta frequência facilitará em muito a leitura dos dados, pois proporcionará uma leitura acumulativa dos dados, dando mais visão ao pesquisador dos índices de aumento ou da diminuição relativa em sua pesquisa.

Exemplo:
Construa a distribuição de frequência acumulada para o seguinte conjunto de dados: 0, 8, 9, 5, 7, 1, 4, 6, 9, 3, 3, 2, 8, 7, 5.

Classes	Fi	Fac
0	1	1
1	1	2
2	1	3
3	2	5
4	1	6
5	1	7
6	1	8
7	1	9
8	2	11
9	2	13

$\sum 13$

1.4. Gráficos

Os gráficos estatísticos têm a função de facilitar a visualização dos dados descritos, promovendo um melhor entendimento da leitura dos dados. Existem vários tipos de gráficos, e estes podem atuar especificamente em vários tipos de pesquisa de dados. Vejamos abaixo os principais tipos de gráficos:

1.4.1. Gráfico em colunas e barras

Os gráficos em colunas e os gráficos em barra apresentam estrutura bem simples. Esses gráficos podem ser usados para representar diversos tipos de dados. Um deles poderia ser o de variáveis x ocorrências. A única diferença é que, no gráfico de colunas, os dados dispostos serão representados por colunas verticais e, no de barras, os dados dispostos serão representados em forma de barras horizontais. Veja a seguir como se estruturam um gráfico de colunas e um gráfico em barras:

Gráfico em colunas   *Gráfico em barras*

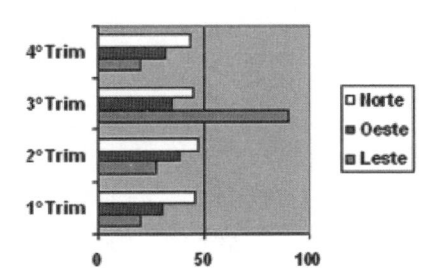

1.4.2. Gráfico em setores

Os gráficos em setores são basicamente círculos divididos por setores de acordo com a natureza dos dados. Os gráficos em setores são utilizados principalmente para representar relações de partes dos dados com o todo, ou seja, x%, y%, z% com x + y + z = t%. Nesse caso, x, y e z seriam os setores e t, o todo ou a soma de todos os setores. Segue abaixo um exemplo de gráfico em setores:

Gráfico em setores

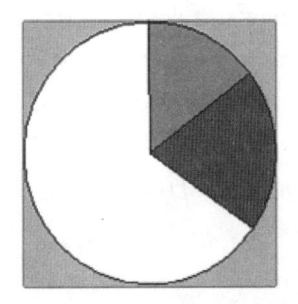

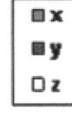

1.4.3. Gráfico polar

O gráfico polar é uma representação de dados em forma de polígonos. Ele é formado por uma circunferência e um conjunto de arcos que indica o dado estudado. Esses arcos estarão compostos de uma numeração. Em seguida é só sair ligando os pontos indicados em cada arco de acordo com os dados, formando assim um polígono. O gráfico polar é mais indicado para apresentação de séries temporais. Veja a seguir um exemplo de gráfico polar:

Gráfico Polar

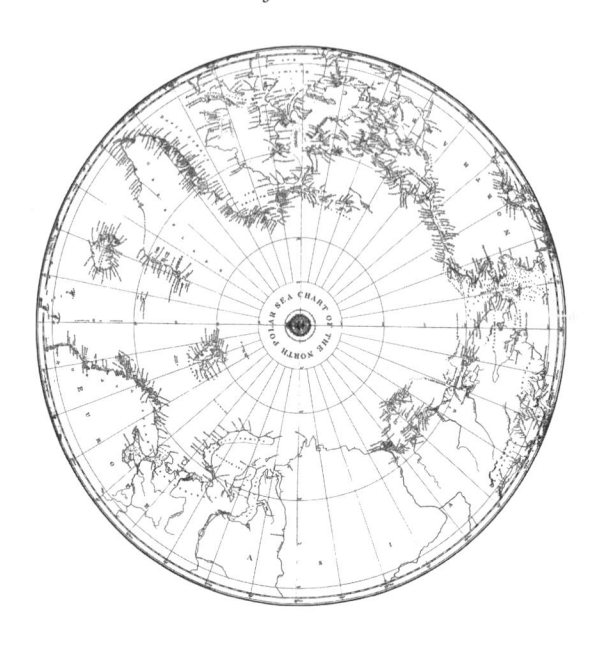

1.4.4. Gráficos em curvas

O gráfico em curvas é um dos mais simples e conhecidos tipos de gráficos. Ele consiste em dois eixos, a numeração e uma curva passando de acordo com a natureza dos dados. Veja a seguir um gráfico de curvas:

Gráfico em curvas

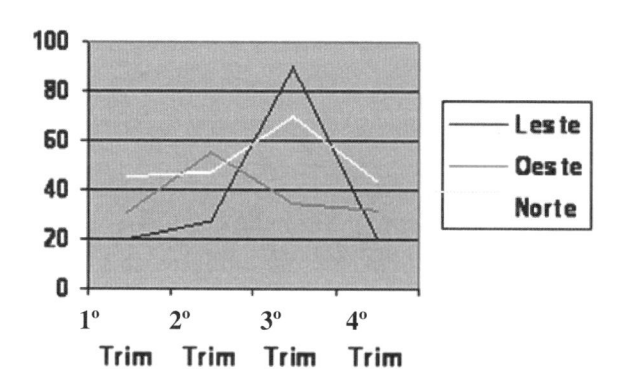

2. Probabilidade

A probabilidade estuda fenômenos de observação. Fenômenos estes que podem ser chamados de eventos aleatórios. Um evento é algo que acontece e é observado por algum pesquisador ou qualquer pessoa que queira estudá-lo. Ele é o resultado dos experimentos. Os eventos podem ser exemplificados, como o lançamento de uma moeda, um dado, retirar a carta de um baralho, dentre outros. A probabilidade será utilizada para exprimir a chance de ocorrência de um determinado evento estudado. É muito importante observar que a probabilidade de ocorrência de um evento é dada por um número que pode variar de 0 a 1,00.

2.1. Espaço amostral e evento

O espaço amostral é o conjunto de todos os possíveis resultados de um experimento. O espaço amostral poderá ser finito ou infinito.

O evento é um conjunto de resultados do experimento. Os eventos são formulados pelo observador de acordo com o objetivo do seu estudo. Ele é considerado um subconjunto do espaço amostral.

Veja abaixo um exemplo de experimento, espaço amostral e evento.
E: Jogar um dado e observar o resultado.
S = {1, 2, 3, 4 , 5, 6}

Eventos: A = ocorrer número par
B = ocorrer número ímpar
Logo, A = {2, 4, 6} e B = {1, 3 ,5}

Onde:
E = Experimento
S = espaço amostral
A = evento 1
B = evento 2

Podemos constatar neste evento que os conjuntos A e B são mutuamente exclusivos (A interseção B = conjunto vazio), pois eles não podem ocorrer simultaneamente como decorrência da mesma experiência.

2.2. Propriedades da probabilidade

Sejam E um experimento, S o espaço amostral, A um evento e P(A), sua probabilidade, observemos abaixo as três propriedades da probabilidade:
0<= P(A) <=1
P(S) = 1
Se A e B forem mutuamente exclusivos, então P(A união B) = P(A) + P(B).

2.3. Principais fórmulas e teoremas de probabilidade

2.3.1. Probabilidade de ocorrência

Fórmula:
Consideremos A um evento qualquer, então:

$$P(A) = \frac{r}{n}$$

Onde:
r = n. de vezes que o evento A pode ocorrer
n = n. de vezes que o espaço amostral S ocorre

Exemplo:
Considere um baralho com 52 cartas.

A: Calcule a probabilidade de sair uma carta de espada.

$$P(A) = \frac{n.\ espadas}{n.\ cartas} = \frac{12}{52} \quad \frac{1}{4}$$

B: Calcule a probabilidade de sair uma figura.

$$P(A) = \frac{n.\ figuras}{n.\ cartas} = \frac{12}{52} \quad \frac{3}{13}$$

2.3.2. Análise combinatória

A análise combinatória é utilizada para reduzir problemas de contagem, dando uma margem da relação do número de casos favoráveis com o número total de casos. A análise combinatória pode ser calculada da seguinte forma:
Fórmula:

$$Cr, p = \frac{r!}{p!\,(r-p)!}$$

Exemplo:
Quantas comissões de três pessoas podem-se formar com um grupo de dez pessoas?

$$C10,3 = \frac{10!}{3!\,(10-3)!} = \frac{10.9.8.7!}{3.2.7!} = 120$$

2.3.3. Probabilidade condicional

A probabilidade condicional é a probabilidade de um evento A ser calculado em função de um evento B.
Fórmula:

$$`P(A/B) = \frac{P(A \cap B)}{P(B)}$$

Exemplo:
Considere o lançamento de um dado.
A: Calcule a probabilidade de sair o número 2.
B: Calcule a probabilidade de sair um número par.

$P(A) = \{2\} = 1$
$P(B) = \{2,4,6\} = 3$

$$`P(A/B) = \frac{P(A \cap B)}{P(B)} = \frac{1}{3}$$

2.3.4. Teorema do produto

O teorema do produto explora a ocorrência simultânea de dois eventos partindo-se do princípio da probabilidade condicional. Ou seja:
Fórmula:

$P(A \cap B) = P(A) (B/A)$

$P(A \cap B) = P(A) (B/A)$

Exemplo:
Em um lote de 14 peças, 7 são defeituosas, 2 peças são retiradas uma após outra sem reposição. Qual a probabilidade de que ambas sejam boas?

A: A primeira peça é boa = 7/14   14 peças → 7 defeituosas
B: A segunda peça é boa = 6/13   2 peças são retiradas
                                    (sem reposição)
                                    destas 14:
                                    7 boas e 7 defeituosas

$$P(A \cap B) = P(A) P(B/A) = \frac{7}{14} \times \frac{6}{13} = \frac{42}{185}$$

2.3.5. Independência estatística

Um evento é considerado independente de outro quando sua probabilidade é igual à probabilidade condicional deste outro. Veja:
Fórmula:

$P(A \cap B) = P(A).(B)$

Exemplo:
Em um lote de 14 peças, 7 são defeituosas, 2 peças são retiradas uma após outra com reposição. Qual a probabilidade de que ambas sejam boas?

A: A primeira peça é boa = 7/14   14 peças → 7 defeituosas
B: A segunda peça é boa = 7/14
                                       2 peças são retiradas
                                       (com reposição) destas 14:
                                       7 boas e 7 defeituosas

$$P(A \cap B) = P(A)\, P(B/A) = \frac{7}{14} \times \frac{7}{14} = \frac{49}{196}$$

CAPÍTULO VII

Medidas de Atitudes

Para medir coisas intangíveis como *atitudes,* devemos construir uma escala numérica que possa ser utilizada para medir subjetivamente o grau da presença de algo, mesmo quando as escalas, que serão descritas a seguir, não possuam a precisão de escalas físicas ou cognitivas.

Desenvolver um instrumento adequado para realizar as medições em pesquisas não é fácil, mas é fundamental para o sucesso da pesquisa que se pretende realizar. A atividade de realizar medições é fundamental. Na sua essência, a atividade de pesquisa consiste em realizar medições comportamentais, de atitudes. Exemplos de medições comuns:

– medir a quantidade de entrevistados com preferências sobre o que se pretende pesquisar, bem como entrevistados com determinado gosto ou determinada ideia sobre pessoa ou objeto;

– descrever, através de medidas qualitativas ou quantitativas, características demográficas, socioeconômicas e psicológicas;

– medir qual o potencial ou as exigências de mercado para determinado produto;

– medir atitudes, comportamentos, percepções, atitudes de gerentes ou executivos para tomar uma decisão;

– medir a situação de uma empresa relacionada aos fatores de produção, ao poder de competitividade, de produção e de produtividade.

Para realizar essas medições, o pesquisador precisa desenvolver instrumentos adequados para que as medidas efetuadas correspondam efetivamente ao que se deseja medir *(validade)* e para que o erro não amostral seja o menor possível *(confiabilidade)* diante dos recursos disponíveis.

A medição de atitudes é muito complexa. O fato de as atitudes existirem somente na mente das pessoas, não sendo diretamente observáveis, e a própria complexidade do conceito dificultam sua medição. Neste capítulo, veremos que a atitude é composta de três principais componentes: o afetivo, o cognitivo e o comportamental (ou todos os três?). Decidido qual o componente medir, teremos de decidir qual escala utilizar.

As escalas de atitudes utilizadas procuram medir as crenças dos respondentes em relação aos atributos do produto *(componente cognitivo)*, os seus sentimentos em relação às qualidades esperadas desses atributos *(componente afetivo)*; e uma combinação de crenças e sentimentos é assumida para medir a intenção de uma atitude – de investimento, de venda, de produção, de compra... *(componente comportamental)*. Os procedimentos para medir atitudes estão baseados na obtenção de dados junto às pessoas cujas atitudes interessam medir. Esses procedimentos compreendem dois grupos de técnicas: as baseadas na observação nos seus diversos tipos e as baseadas na comunicação com as pessoas: questionário, entrevista ou mesmo internet.

1. Conceito

Pode-se definir atitude como *uma predisposição subliminar da pessoa na determinação de sua reação comportamental em relação a um objeto, a uma coisa ou a um outro comportamento.*

Define-se, ainda, atitude como o resultado duradouro de crenças e cognições, de valores e cultura em geral, dotado de carga afetiva pró ou contra um objeto definido, que predispõe a uma ação coerente com as cognições e afetos relacionados a esse objeto.

1.1. Características

As características principais da medição de atitudes são:

– *Objeto atitudinal*: outra pessoa, produto, organização, fato ou situação.
– *Subliminares*: indiretas, que não passam da linha da consciência, subjetivas.
– *Predisposição*: a reação é "esperada", é uma mera possibilidade.

– *Persistente no tempo*: ela pode ser mudada, mas qualquer tentativa de mudança de uma atitude fortemente arraigada exige grande pressão ao longo de muito tempo.

Não há evidências comprovadas da existência de uma relação direta entre atitudes e comportamento.

Veja: um caso típico é o do consumidor que, mesmo tendo uma atitude negativa para determinada marca de produto, não resiste a uma oferta promocional e acaba comprando-o.

1.2. Componentes

A formação de uma atitude é resultante de vários componentes, a saber: crenças, reflexos condicionadores, fixações, julgamentos, estereótipos, experiência, exposições à comunicação persuasiva, troca de informações, experiência com outros indivíduos etc. Podemos agrupá-los em três principais categorias:

a) Cognitivo:
Refere-se à informação ou ao conhecimento que uma pessoa possui de um objeto atitudinal. Uma característica determinante de uma variável cognitiva é o fato de ser propriedade de uma crença.

Por exemplo, o grau em que um objeto atitudinal é percebido como possuidor de determinada característica: grau em que o brasileiro típico percebe o norte-americano como inteligente, ingênuo, consumista...

Cognição: ato de conhecer ou adquirir conhecimento através do processo mental, gerando pensamentos condicionantes.

b) Afetivo:
O componente afetivo refere-se aos sentimentos das pessoas associados a um objeto atitudinal. Frequentemente, esses sentimentos são analisados em termos de grau favorável ou desfavorável em relação ao objeto.

c) Comportamental:
Refere-se aos atos que uma pessoa executa, defende ou facilita em relação a um objeto. As variáveis atitudinais comportamentais não têm relação

com atos involuntários e se referem, fundamentalmente, a decisões que as pessoas tomam involuntariamente frente a alternativas de ação em um problema envolvendo o objeto atitudinal. Em outras palavras, a variável comportamental refere-se ao desejo de uma pessoa realizar, permitir ou facilitar um ato. O componente comportamental das atitudes enfatiza a aprovação ou rejeição pessoal de determinada ação em relação a um objeto. Por exemplo, graus em que o brasileiro típico considera adequada a pena de morte para punir crimes que envolvem tóxicos.

2. Atitudes, opinião, interesse e motivação

As atitudes também são similares às opiniões, mas diferem destas no grau de generalidade e no método de medição.

Opiniões são reações específicas sobre certos sucessos, fatos, objetos etc., enquanto atitudes são mais gerais. Além disso, uma pessoa pode estar consciente de sua opinião, mas pode não estar totalmente consciente de sua atitude.

Os interesses são similares às atitudes, mesmo quando se referem especificamente a sentimentos ou preferências com respeito às atividades de uma pessoa.

A motivação nos leva a tentar conseguir o que desejamos. É um tipo de atitude importantíssima em nossa vida intelectual e profissional, assim como moral e religiosa.

3. Importância

É necessário conhecer o consumidor. Em um primeiro momento, a pesquisa junto ao consumidor voltou-se exclusivamente à obtenção de informações através de perguntas diretas. Os resultados demonstraram que nem sempre os dados obtidos com o uso de perguntas diretas são confiáveis, sendo especialmente problemáticos no caso de perguntas sobre razões subjacentes ao comportamento humano. Os estudos de motivação surgiram no contexto da pesquisa de mercado na década de 50 como decorrência da necessidade de entender o significado dos comportamentos.

Todos os principais modelos de comportamento do consumidor atribuem importância fundamental para as atitudes em função de seu papel influenciador do comportamento, não só do comportamento para a compra, como também do pós-compra.

4. Dificuldades de medição

A medição de atitudes é muito complexa. Existem dois fatores relacionados que dificultam sua medição:

– A própria complexidade do conceito, visto como composição dos fatores cognitivo, afetivo e comportamental. Qual desses comportamentos medir?
– O fato de as atitudes existirem somente na mente das pessoas, não sendo diretamente observáveis.

Há dois tipos de observações na mensuração:

– Observações imediatas: quando a mensuração tem como objetivo avaliar.
– Observações subjetivas: quando a mensuração tem como objetivo predizer.

O conceito da predição implica duas operações: uma destinada a elaborar um instrumento preditivo e a outra destinada a uma medida-critério a ser prevista.

O pesquisador formula uma série de itens baseados em manifestações correlacionadas com a atitude em questão: propriedade – critério.

Quando se codifica um instrumento preditivo, faz-se uma numeração de acordo com a "propriedade manifesta", supostamente correlacionada com a propriedade – critério.

5. Técnicas para medir atitudes

A técnica mais objetiva para determinar as atitudes de uma pessoa sobre certo objeto é observar seu comportamento (o que faz, o que diz, o que escreve etc.) em diversas situações que incorporem esse objeto. Em vez de ser observada em diferentes situações, frequentemente a pessoa é entrevistada, buscando-se, direta ou indiretamente, que revele suas atitudes. Para medir coisas intangíveis, como atitudes, crenças, valores, devemos construir uma escala numérica que possa ser utilizada para medir subjetivamente o grau da presença de algo, mesmo quando escalas, que serão descritas a seguir, não possuam a precisão de escalas físicas (ex. balança para medir peso) ou cognitivas (testes para medir conhecimentos).

Em geral, o objeto da medição de atitudes é localizar cada pessoa em algum ponto de um contínuo ou em uma escala cujo campo de variação oscile desde as atitudes fortemente negativas, passando por neutras, às atitudes fortemente positivas.

Uma avaliação da reação de um indivíduo com base em um só contínuo não proporciona um indicador confiável da intensidade da reação. Pode-se obter uma localização mais confiável combinando os escores obtidos em diversos itens. É possível que os itens incorporem duas ou mais atitudes; cada uma delas deverá formar uma escala separada.

Depois de obter um conjunto de itens que medem uma só atitude, deve-se determinar um método de administração e codificação dos itens, de tal maneira que os indivíduos sejam colocados na forma mais precisa possível ao longo de um contínuo ou de uma escala subjacente.

5.1. Características de uma escala de atitudes

Confiabilidade: essa característica está diretamente relacionada ao número de itens que a integram e a correlação existente entre eles.

Validez: devem-se evitar itens estranhos às atitudes medidas. Portanto, os itens devem ser selecionados fazendo-se uma tentativa para considerar o maior número deles que se referem à atividade e à questão.

5.2. Critérios para formulação de itens

Itens consistem em afirmações ou declarações relacionadas à atitude frente ao objeto em estudo.

5.2.1. Itens cognitivos

Os itens cognitivos, para medir conhecimentos, são de dois tipos: verdadeiros ou falsos.

Nesses itens, os fatos são proporcionados de maneira exata ou inexata e a pessoa precisa apenas reconhecê-los. Esse tipo serve muito bem para medir objetivos que exigem discriminação entre situações opostas.

A fraqueza maior desses itens é a possibilidade de a pessoa responder adivinhando. Quando se adivinha, existe cinquenta por cento de possibilidade de resposta certa. O problema de adivinhação pode ser solucionado em parte, aumentando o número de itens ou atribuindo pontos negativos na adivinhação incorreta.

Ao formular esse tipo de itens, deve-se ter o cuidado de não dar muitas informações e não fazer truques.

Evite a utilização de "sempre" ou "nunca". É difícil encontrar fatos puros, podendo-se cair no costume de disfarçar os itens falsos com o uso desses termos. Ao formular itens verdadeiros ou falsos, uma recomendação útil é escrever só itens verdadeiros e posteriormente transformar aproximadamente a metade em falsos. Dessa forma, eles terão uma estrutura uniforme. Ao transformar os itens em falsos, é melhor utilizar a maneira acima referida em vez de acrescentar o advérbio "não". A palavra "não" transforma o item de verdadeiro a falso, mas frequentemente proporciona mais alguma informação ou certa ambiguidade.

Ordene os itens de maneira aleatória, evitando, assim, pautas de respostas que podem servir como pistas para adivinhação. A melhor forma de fazer isso é enumerar os itens e posteriormente utilizar uma tabela de números aleatórios em qualquer texto de estatística para determinar a ordem definitiva.

Inclua apenas uma ideia central em cada item. A ideia deve ser uma relação entre dois fatos e deve ser escrita para que a pessoa julgue a veracidade ou falsidade da relação.

5.2.2. Itens classificatórios de dupla escolha

São muitos os itens de dupla escolha; entre eles, muito interessantes são os classificatórios, nos quais a pessoa pode, por exemplo, considerar a presença ou ausência de uma qualidade.

Esse tipo permite acrescentar maior variação ao teste, aproximando-se de um item de múltipla escolha; é suscetível à adivinhação e invalidado pela ambiguidade.

Algumas categorias são vagas (ex.: conflitos pessoais) e outras se sobrepõem. Os casos que se ajustam a uma determinada categoria podem ser chamados exemplificadores daquela categoria, e os que não se ajustam, não exemplificadores.

5.2.3. Itens de múltipla escolha

O item mais comum utilizado em testes e outros instrumentos é o de *múltipla escolha*. Esse tipo de item geralmente inclui de três a cinco respostas alternativas, das quais apenas uma é correta.

As alternativas incorretas devem, de fato, ser incorretas. O fato de haver uma alternativa incorreta que nenhuma pessoa escolha é tão problemático quanto uma alternativa incorreta que todos ou quase todos escolham.

As alternativas incorretas devem ser comparáveis às corretas em extensão, complexidade e formas gramaticais.

As alternativas de respostas devem ser específicas.

Ao formular os itens, deve-se evitar o uso de palavras como "sempre", "nunca", "todos"...

5.2.4. Recomendações apresentadas para formular itens de atitudes

– Evitar interpretações múltiplas.
– Evitar referências ao passado.
– Evitar informações fatuais.
– Abranger todos os aspectos do objeto estudado.
– Formular itens simples, claros e precisos.

– Evitar irrelevâncias.
– Evitar medir o óbvio.
– Incluir só um pensamento por item.
– Criar itens curtos.
– Evitar "todo", "sempre", "nunca", "nenhum".
– Não abusar de "simplesmente", "geralmente", "somente".
– Evitar dois termos negativos em um item.

6. Principais técnicas para medir atitudes

As duas principais técnicas ou processos de medição de atitudes são a observação e a comunicação.

a) Observação: com as seguintes características:
– *Comportamento aberto.* As pessoas são colocadas numa situação artificial e seu padrão de comportamento é observado. A partir disso, são inferidas conclusões a respeito das suas atitudes (crenças e sentimentos).
– *Reação psicológica.* A medição de atitudes envolve a medição e análise das reações psicológicas das pessoas através de instrumentos (psicogalvanômetros e pupilômetros), quando colocadas diante de determinadas situações.

b) Comunicação, que se subdivide em duas:
– *Desempenho da tarefa objetivo.* Essa técnica consiste em solicitar às pessoas que relatem informações reais a respeito do produto – objeto da pesquisa. As respostas são analisadas e inferências a respeito da atitude dessas pessoas em relação ao produto são tomadas. Essa técnica parte dos pressupostos de que, nos relatos dessas pessoas, estão contidas suas atitudes em relação ao objeto pesquisado e de que as pessoas costumam lembrar mais das coisas em que suas atitudes (principalmente crenças e sentimentos) são mais consistentes.
– *Autorrelato.* É a técnica mais utilizada em pesquisa de *marketing* para medição de atitudes. Consiste em solicitar às pessoas que respondam a um questionário contendo questões a respeito de suas atitudes. Existem inúmeras escalas para medição de atitudes desenvolvidas para serem utilizadas nesse método.

7. Escalas de autorrelato

As principais escalas de autorrelato usadas na medição de atitudes são:

a) Escalas Nominais: as escalas nominais para medir atitudes compreendem números associados às respostas com um único objetivo: identificar as categorias de respostas para facilitar a digitação, o processamento e a análise dos dados.

b) Escalas de Avaliação: utilizadas para medir variáveis que envolvem escalas ordinais, de intervalo e razão. Uma escala de avaliação típica procura efetuar a medição do comportamento afetivo de atitude. Solicita-se às pessoas que assinalem as posições numa escala contínua ou numa escala de categorias ordenadas, que correspondam às suas atitudes em relação ao perguntado.

Temos várias escalas de avaliação em teste, entre as quais se destacam:

– A *gráfica:* uma escala de avaliação gráfica compreende a apresentação das opções de respostas às pessoas, desde o extremo mais favorável até o mais desfavorável, de forma visual contínua ou por figuras que representem categorias ordenadas. A maneira de apresentar visualmente a escala depende da imaginação do pesquisador.

– As *verbais:* uma escala de avaliação verbal compreende a apresentação das opções de respostas às pessoas, desde o extremo mais favorável até o mais desfavorável, pela identificação e ordenação das categorias através de expressões verbais.

– As *itemizadas:* nesse tipo de escala, o respondente é solicitado a escolher uma categoria dentre várias categorias de opiniões verbais sobre determinado tópico. Forma-se, assim, uma escala, desde a opinião mais desfavorável até a mais favorável.

– As de *Ordenação:* consistem em solicitar aos respondentes que ordenem ou classifiquem os objetos de acordo com as suas atitudes em relação a eles. Produzem apenas dados ordinais que nos permitem saber a ordem das preferências, mas não a distância entre elas.

– As *comparativas* resultam de um julgamento relativo que os respondentes são solicitados a fazer antes de fornecer suas opiniões. Seu procedimento compreende solicitar aos respondentes que expressem suas atitudes mediante comparação com um padrão de referência estabelecido (a marca utilizada, a marca líder do mercado, a marca do concorrente, a versão corrente do produto e até mesmo um produto hipoteticamente ideal). As escalas comparativas são utilizadas sempre que conhecer a atitude comparativa a um padrão de referência for fundamental para a tomada de decisão em *marketing*.

– As *de comparação pareada:* nesse caso, os respondentes são solicitados a comparar dois objetos (produtos, marcas, propagandas etc.) de cada vez, de um conjunto de vários objetos, em relação às suas opiniões sobre eles ou sobre vários de seus atributos.

– As de *diferencial semântico (Osgood):* consiste em o representante avaliar determinado objeto num conjunto de escalas bipolares de sete pontos. *Osgood* e seus companheiros propuseram, na ocasião, 50 diferentes adjetivos bipolares para serem utilizados numa escala de diferencial semântico, sendo alguns deles: relativos à dimensão avaliativa (bom/mau, justo/injusto, limpo/sujo, valioso/sem valor); relativos à dimensão potência (grande/pequeno, forte/fraco, pesado/leve); e relativos à dimensão atividade: (ativo/passivo, rápido/lento, vivo/morto). No entanto, raramente os pesquisadores de *marketing* se atêm aos adjetivos sugeridos por *Osgood*, havendo, portanto, grande liberdade de serem utilizadas quaisquer qualificações bipolares possíveis de serem atribuídas ao produto ou objeto pesquisado.

7.1. Escalas indiretas

As formas indiretas de medir atitudes compreendem a utilização de técnicas não estruturadas disfarçadas do método de comunicação, como: contar histórias, interpretar papéis, completar histórias, completar sentenças, associar palavras etc.

Todas as escalas de automedição de atitudes que apresentamos até agora solicitam aos respondentes que se posicionem numa escala diretamente relacionada ao que se pretende medir. Veja que, na escala de *Osgood*, ao respondente são oferecidas escalas diretamente relacionadas aos atributos que se pretende medir, como pureza, sabor, aroma etc. Apesar de esta ser uma forma muito eficiente para medir atitudes, alguns estudiosos argumentam que, quando se trata de questões controversas ou que envolvam a exposição de valores e atitudes em relação a assuntos considerados íntimos, os pesquisados podem não ser sinceros ao responder a escalas diretas. Para atender à necessidade de medição de atitudes nessas circunstâncias, esses estudiosos desenvolveram as escalas indiretas.

As escalas indiretas mais importantes pelo seu potencial de utilização em pesquisas de avaliação, de medição mais comum, sobretudo em pesquisa de opinião, de mercado e de *marketing*, são as escalas de intervalos aparentemente iguais de Thurstone, as escalas somatórias de Likert e a escala de Guttman. Vejamo-las.

7.1.1. Escalas de intervalos aparentemente iguais de Thurstone

Essa escala, proposta por Thurstone & Chave (1929), constitui-se num conjunto de declarações (cada declaração possui um valor predefinido) apresentadas aos respondentes para que concordem ou não com cada uma. A colocação do respondente na escala será resultante da média aritmética dos valores correspondentes na escala, obtidos pelas suas respostas concordantes. Tanto a aplicação da escala quanto a análise dos dados são muito simples. O maior problema dessa escala está na dificuldade e complexidade da sua construção, o que tem dificultado o seu correto uso em pesquisas de *marketing*.

A construção de uma escala de Thurstone compreende as seguintes etapas:

a) O pesquisador e sua equipe devem gerar um grande número (de 100 a 200) de afirmações ou declarações relacionadas a atitudes com respeito ao objeto em estudo. Essas afirmações são geradas a partir das experiências do pesquisador e de sua equipe, de conversas com entendidos, de pesquisas exploratórias, de discussões de grupo focalizadas, da literatura etc.

b) Essas afirmações devem ser ordenadas e editadas de forma a eliminar ambiguidades, duplicidades, irrelevâncias, inadequação e afirmações que dizem respeito a fatos ao invés de opiniões. As afirmações resultantes devem ser anotadas em cartões.

c) Devem-se submeter as afirmações a um grande número de juízes (de 100 a 200), formado de preferência por pessoas do público-alvo da pesquisa, para que avaliem cada afirmação em relação ao seu conteúdo intrínseco de favoritismo em relação ao objeto pesquisado, segundo o critério próprio de cada juiz. Para facilitar essa classificação, são entregues aos juízes todos os cartões contendo as afirmações, e é solicitado a cada um que os distribua por onze diferentes pilhas, desde a pilha para declarações que julgar menos favoráveis até a pilha para as que julgar mais favoráveis.

d) A partir da tabulação das respostas de todos os juízes para cada afirmação, o pesquisador estará em condições de julgar se a afirmação deve ou não permanecer e, permanecendo, qual será o seu valor na escala.

e) Para aplicar a escala, as afirmações são posicionadas de forma aleatória no instrumento de coleta de dados e apresentadas aos respondentes para que apenas assinalem se concordam com ou discordam de cada uma das afirmações (note que não lhes é permitido atribuir graus de concordância ou discordância). A medida da atitude de cada respondente na escala é dada pelo cálculo da média aritmética dos valores correspondentes, obtidos apenas pelas suas respostas concordantes.

7.1.2. Críticas às escalas de Thurstone

Uma das críticas às escalas de Thurstone é que, como são consideradas para o cálculo da média apenas as respostas concordantes, pode ocorrer de um respondente ter, tomando o exemplar anterior, respondido a apenas uma afirmação concordante das 25 apresentadas e cujo valor na escala seja 7. Como só houve concordância com essa afirmação, o método diz que, na escala final, a pontuação da sua atitude será 7, ou seja, a mesma pontuação daquele outro que concordou com dez afirmações. Será correto afirmar que um e outro possuem a mesma atitude em relação ao objeto pesquisado? O bom senso faz acreditar que não.

7.1.3. Escalas somatórias ou escala Likert

As escalas somatórias para medir atitudes, propostas por Rensis Likert em 1932, à semelhança das escalas de intervalos aparentemente iguais de Thurstone, compreendem uma série de afirmações relacionadas ao objeto pesquisado. Diferentemente da escala de Thurstone, os respondentes são solicitados não só a concordarem com as afirmações ou discordarem delas, mas também a informarem qual o seu grau de concordância/discordância. A cada cédula de resposta é atribuído um número que reflete a direção da atitude de cada respondente em relação a cada afirmação. A pontuação total da atitude de cada um é dada pela somatória das pontuações obtidas para cada afirmação. A escala de Likert evita as críticas feitas à escala de Thurstone, ao passar a medir a intensidade das concordâncias e discordâncias.

7.1.4. Passos para a construção da escala de Likert

A construção da escala de Likert é, em parte, semelhante à de Thurstone, porém um pouco mais simples. A construção de uma escala Likert compreende os seguintes passos:

a) O pesquisador e sua equipe devem gerar um grande número (de 100 a 200) de afirmações ou declarações relacionadas a atitudes com respeito ao objeto em estudo. Essas afirmações são geradas a partir das experiências do pesquisador e da sua equipe, de conversas com entendidos, de pesquisas exploratórias, de discussões de grupo focalizadas, da literatura etc.

b) Essas afirmações devem ser ordenadas e editadas de forma a eliminar ambiguidades, duplicidades, irrelevâncias, inadequações e afirmações que dizem respeito a fatos, ao invés de opiniões. Às afirmações devem ser atribuídas graus de favoritismo.

c) As afirmações devem ser submetidas a um grande grupo-piloto (de 100 a 200 pessoas), formado por elementos do público alvo da pesquisa. Aos componentes desse grupo será solicitado que respondam às afirmações, marcando o espaço correspondente ao seu grau de concordância/discordância.

d) O resultado da tabulação de todas as respostas, nesse grupo piloto, é utilizado para proceder à redução das afirmações a apenas 20 ou 30 que sejam as mais discriminadoras da atitude que se pretendia medir. O critério utilizado para proceder a essa seleção parte do princípio de que indivíduos com uma atitude favorável para o objeto em questão tendem a concordar com a maioria das afirmações positivas e a discordar da maioria das afirmações negativas, e vice-versa. Em função disso, todas as afirmações positivas ou negativas que tiveram distribuição indefinida serão consideradas não discriminadoras da atitude e deverão ser abandonadas.

Uma forma de proceder a essa seleção consiste em separar as respostas dos pesquisados em grupos arbitrariamente definidos e comparar as do grupo mais concordante de uma afirmação com a do grupo mais discordante. Supondo que o grupo piloto fosse composto por 200 pessoas, o conjunto de respostas obtidas para uma afirmação específica poderia ser dividido, por exemplo, em quatro partes de 25% cada uma e se tornariam, para comparar, os 25% do grupo com respostas mais concordantes e os 25% com respostas menos concordantes. Sempre que a diferença entre as médias de concordância e de discordância entre esses dois grupos for grande, a afirmação será discriminadora e deverá permanecer. Sempre que essa diferença for pequena, aproximando-se de zero, a afirmação não será discriminadora e deverá ser abandonada.

e) A aplicação da escala segue o mesmo procedimento da realizada no grupo piloto.

Todas as afirmações selecionadas são distribuídas probabilisticamente pelo instrumento e solicita-se aos respondentes que assinalem os seus graus de concordância/discordância a cada uma.

f) A escala final para a colocação dos respondentes é construída a partir do número de afirmações no instrumento de coleta de dados e da escala numérica que foram atribuídos a cada categoria de intensidade de resposta. Supondo que o instrumento utilizado tenha 20 afirmações e que a escala de números atribuídos tenha sido -2, -1, 0, 1 e 2, o valor máximo da escala será 20 x 2 = 40, e o valor mínimo será 20 x (-2) = (-40). Se o resultado obtido para determinado respondente for 25, podemos concluir que a sua atitude em relação ao objeto pesquisado é favorável em 25/40 (ou em 62,5%).

7.1.5. Críticas à escala de Likert

Há algumas críticas à escala de Likert, como:

– A escala Likert é essencialmente uma escala ordinal, e por isso não permite dizer o quanto um respondente é mais favorável que outro, nem medir o quanto de mudança ocorre na atitude após a exposição dos respondentes a determinados eventos.

– De forma mais intensa, a mesma crítica da escala Thrustone é feita à de Likert, de que diferentes padrões de respostas podem conduzir a resultados idênticos na escala, o que nos leva a duvidar se a mesma medição corresponde a atitudes idênticas.

7.1.6. Comparação entre as escalas de Likert e de Thurstone

Segundo Selltiz e outros (1959:52), as escalas Likert apresentam uma série de vantagens em relação às escalas de Thurstone, como:

– permitem o emprego de afirmações que não são explicitamente ligadas à atitude estudada (pode-se incluir qualquer item que se verifique, empiricamente, ser coerente com o resultado total);
– são de construção mais simples;
– tendem a ser mais precisas, já que possuem um número de respostas alternativas maior do que as de Thurstone;
– apresentam informação mais precisa da opinião do respondente em relação a cada afirmação.

Aos escores da escala Likert não se pode dar um significado absoluto, pois são relativos àqueles do grupo para o qual se construiu a escala. Mas, como se mencionou anteriormente, às vezes os escores da escala Thurstone dependem dos juízes utilizados.

Há duas desvantagens comuns às das duas escalas: A escala de Likert é ordinal, não mede quanto um respondente é mais favorável que o outro, nem as mudanças de atitudes após exposição a determinados eventos. As duas escalas podem conduzir a resultados idênticos usando diferentes padrões de respostas, podendo, assim, medir atitudes idênticas.

8. Escala de Guttman

O objetivo do método de L. Guttman é provar diretamente se um grupo de itens pode ser escalado em um contínuo atitudinal. O critério de escala estabelece que, se um sujeito responde a um item mais extremo, deverá também responder aos itens menos extremos. O critério escalar aplica-se aos escores obtidos por um grupo de indivíduos que tem a função de um grupo de prova. Se uma escala é subjacente a todos os itens, estes apresentarão uma matriz de respostas triangular como se mostra na figura a seguir.

No exemplo que segue, tem-se uma pauta de resposta de seis pessoas em seis itens. Nas coordenadas, têm-se os itens e, na abscissa, as pessoas entrevistadas com suas atitudes. O exemplo em apreço nos apresenta o resultado de uma escala Guttman perfeita.

O valor 1 indica que a pessoa está em acordo com o item.

		A	B	C	D	E	F
I	1	1	0	0	0	0	0
I	2	1	1	0	0	0	0
T	3	1	1	1	0	0	0
E	4	1	1	1	1	0	0
N	5	1	1	1	1	1	0
S	6	1	1	1	1	1	1

8.1. Pessoas

Nesse caso, simplificou-se a escala de Guttman para ilustrar o princípio no qual se baseia. Geralmente existe o dobro de itens e o dobro de pessoas. Além disso, tem-se suposto que só uma pessoa tem cada uma das diferentes pautas de respostas. O item 1 tem a atitude extrema, supondo-se extremamente negativa. Somente a pessoa A está de acordo com esse item, e como é verdadeira em uma escala perfeita, está de acordo com o segundo item mais forte (2) e assim por diante, até chegar ao menos forte (6). A pessoa B apresenta a segunda atitude mais negativa e está de acordo com itens compreendidos entre 2 e 6. Assim sucessivamente, até chegar à pessoa F, que mostra a atitude menos negativa, estando de acordo com o item menos forte ou intenso (6).

A pauta de respostas em uma escala Guttman perfeita é exatamente a que se obtém quando se ordena um grupo de pessoas em um contínuo de tipo físico. Por exemplo, pergunta-se a diversas pessoas sua estatura e supõe-se que todas essas pessoas sabem quanto medem. A pessoa que responde "sim" à pergunta "você mede mais de 1,80?" responderá "sim" à pergunta "você mede mais de 1,25 metros?", e assim até chegar a uma estatura mínima. Nesse caso, conhecendo-se a resposta mais extrema de uma pessoa, podem-se perfeitamente predizer suas outras respostas.

8.2. Críticas à escala de Guttman

Existem algumas desvantagens no uso do método escalar Guttman. A principal delas é a dificuldade de encontrar um grupo de itens que responda estritamente ao critério de escalas para medir atitudes. O critério insiste em que cada item por separado seja quase totalmente confiável, mas na prática cada item apresenta erros de medição. Têm-se feito sugestões para utilizar grupos de itens aproximadamente escaláveis, mas frequentemente essa aproximação é difícil de encontrar. Em muitos casos, em que o critério de escala tem sido cumprido, os itens estão tão relacionados entre si que se podem considerar reformulações de um mesmo item. Não existe muito sentido em pensar que um grupo de itens, que formam uma escala de acordo com o método Likert, tenham sentido com um método Guttman. Sem embargo, o conceito de unidimensionalidade da escala é algo importante que se deve ter em conta na sua construção, de acordo com os diferentes métodos conhecidos. Geralmente, os requisitos exigidos pelo método de Guttman são cumpridos por escalas do tipo cognitivo, por exemplo, escalas de QI, em lugar de itens destinados a medir atitudes.

Outros tipos de escalas de medição de atitudes, com suas técnicas específicas, foram e continuam sendo desenvolvidos pelos estudiosos e pesquisadores das ciências sociais aplicadas, sobretudo de psicologia, de sociologia e de *marketing*, e terão grande utilidade futura nas pesquisas científicas. São escalas mais complexas, ainda em teste, e cuja apresentação foge aos objetivos deste livro, mas que oferecem um grande potencial de utilização futura em pesquisas de *marketing*, como as escalas *multidirecionais* e as escalas de *medição conjunta*.

Para melhor conhecimento sobre medição de atitudes e formulação de itens para testes e escalas, recomenda-se a leitura dos capítulos 17 e 18 do livro "Pesquisa Social: métodos e técnicas", do Professor Roberto Jarry Richardson, publicado pela Editora Atlas (3ªedição, 1979, p. 265-295).

CAPÍTULO VIII

Confiabilidade e Validade

Complementa-se o capítulo anterior sobre a medição de atitudes com o presente, sobre a qualidade de uma pesquisa. Ele se refere a aspectos importantes do método estatístico, à confiabilidade e à validade dos instrumentos de pesquisa.

Vejamos, inicialmente, os conceitos de confiabilidade e validade e, em seguida, o cálculo de seus coeficientes. Um instrumento de medição de uma pesquisa deve ser válido e confiável; logo, necessita ter confiabilidade e validade.

Um instrumento é válido quando mede o que se deseja. Para ser válido, ele pode e deve ser confiável.

O coeficiente de confiabilidade pode ser medido através dos seguintes métodos:

1) Método de teste-reteste ou reaplicação.
2) Método de formas alternativas ou equivalentes.
3) Métodos baseados em uma prova.

O primeiro mede a correlação entre dois escores ou valores de duas aplicações obtidas de um mesmo teste.

O segundo é baseado na correlação de escores ou nos valores obtidos pelos sujeitos, em duas formas diferentes do mesmo teste, realizadas em tempos diferentes.

O terceiro é baseado na correlação de escores entre a primeira e a segunda metade de um mesmo teste e é conhecido como método da bipartição ou método de estimação da confiabilidade por meio da consistência interna.

A natureza dos sujeitos a quem se aplica um instrumento e a forma como ele é aplicado podem afetar a sua confiabilidade.

A validade de um instrumento de pesquisa é analisada a partir dos seus diversos tipos: *a validade concorrente; a validade preventiva; a validade de conteúdo e a validade de construto.*

Há sete fatores que contribuem para melhorar a eficiência de um instrumento ou teste, agrupados em três categorias relacionadas à natureza do instrumento, à natureza dos sujeitos a quem se aplica um instrumento e à aplicação do instrumento.

É discutida a questão da validade de um instrumento e os tipos de validades mais utilizados. São feitos comentários a respeito da *validade concorrente*, da *validade preditiva*, da *validade de conteúdo* e da *validade de construto*.

1. Conceitos

O processo de medição relaciona um número a um objeto, seguindo regras estabelecidas. Tal número passa a representar as características ou atributos do objeto.

A validade de um instrumento de medição é uma variável da mais alta importância para que se possa avaliar sua efetividade. Um instrumento é válido quando mede aquilo que se quer e é confiável.

A confiabilidade diz respeito à consistência que devem ter os escores de um teste ou os resultados de um instrumento de medição comparados com o do mesmo teste.

Há uma relação estreita entre validade, que utiliza critérios externos, e confiabilidade, que leva em consideração critérios internos.

Quando um pesquisador não conhece a validade e a confiabilidade de seus dados, questionam-se o acerto dos resultados e as conclusões de seu trabalho.

2. Confiabilidade

Um exemplo poderá melhor explicitar o que é confiabilidade. Suponha que se deseja avaliar o grau de precisão de um novo equipamento que produz pão, comparando-o com outro mais antigo. Antes o peso variava entre 190 e 210 gramas. Com o uso do novo equipamento, o peso do pão variou entre 198 e 202 gramas. Tendo em vista que a pesquisa foi feita em idênticas condições, só variando os equipamentos, pode-se afirmar que o equipamento novo é mais confiável que o antigo.

O pesquisador que trabalha com ciências administrativas frequentemente formula perguntas, como, por exemplo, se o escore atingido ao medir o atributo de determinado produto (a durabilidade, por exemplo) é o mesmo que se alcançaria, caso fosse feito o teste duas horas depois ou no mês seguinte. Quanto menor a variação dos resultados obtidos, maior a confiança das medições feitas.

2.1. Cálculo de coeficientes de confiabilidade: métodos

Qualquer coeficiente de confiabilidade está associado a um número no intervalo de 0 a 1, refletindo a estabilidade ou consistência das medições realizadas, podendo seu cálculo ser realizado aplicando o instrumento de medição duas vezes (em tempos diferentes), aplicando outra forma do instrumento depois de certo tempo ou o aplicando uma só vez. Os três métodos existentes para calcular os coeficientes de confiabilidade estão baseados no princípio de ser possível a obtenção de pelo menos dois valores ou escores ao aplicar um instrumento de medição a qualquer sujeito. Esses valores deverão ser correlacionados para avaliar a confiabilidade do instrumento.

a) Método do teste-reteste ou reaplicação

Esse método serve para medir a correlação entre os escores ou valores de duas aplicações obtidas do mesmo teste. O intervalo de tempo que separa uma aplicação da outra depende da variável estudada; caso ela seja sensível ao tempo, deverá o instrumento de medição ser aplicado no menor intervalo possível.

O método em estudo é considerado um índice de estabilidade do instrumento, supondo-se que, ao ser aplicado duas vezes a um grupo de sujeitos, sua habilidade em respondê-lo não se modifique. No entanto, fatores como aprendizagem, esquecimento, falta de motivação ou problemas de administração do instrumento podem levar os sujeitos a responder as mesmas questões de forma diferente. Tais comportamentos são caracterizados como fontes de erros nos valores ou escores obtidos, criando diferenças não consistentes em ambas as aplicações.

b) Método de formas alternativas ou equivalentes

Esse método visa suprir as deficiências apresentadas pelo método do teste-reteste. O cálculo para confirmar a estabilidade do instrumento é baseado na correlação de escores ou nos valores obtidos pelo sujeitos, em duas formas diferentes do mesmo teste, realizadas em tempos diferentes.

A aplicação desse método pode ser influenciada pelo fato de o conteúdo de ambas as formas ser muito similar, levando cada forma a não ser uma amostra independente e representativa de todos os itens do teste ou instrumento. Pode acontecer de a aplicação da primeira forma influenciar a aplicação da segunda, em virtude de os sujeitos aprenderem na primeira como responder aos quesitos da segunda.

Apesar das limitações apresentadas, o método das formas equivalentes continua sendo considerado como o de maior precisão e o mais significativo dos tipos de coeficientes de confiabilidade.

c) Métodos baseados numa prova

Os coeficientes de confiabilidade são, em regra, calculados com dados coletados a partir da aplicação de um instrumento de medição. O método baseado na correlação de escores entre a primeira e a segunda metade de um teste é conhecido como método de bipartição ou estimação da confiabilidade por meio de consistência interna.

A obtenção de escores correlacionados poderá ocorrer a partir de metades paralelas de um teste que, depois, são organizadas em um só instrumento ou quantificando as respostas das duas metades de um teste, sendo atribuídos itens ao acaso, em cada uma das duas partes.

No entanto, esse método pode redundar em fatores capazes de afetar a estimação da confiabilidade do instrumento, como, por exemplo, a forma empregada para dividir os seus itens. O interesse sobre determinados itens e a tentativa de adivinhar respostas podem influenciar o respondente.

Apesar de o método da bipartição impedir a ocorrência de determinados problemas surgidos quando da aplicação dos métodos de teste-reteste e de formas equivalentes, ele apresenta limitações relacionadas à forma de dividir os itens.

2.2. Procedimentos para calcular o coeficiente de confiabilidade

As fórmulas para a realização dos cálculos estatísticos dos coeficientes de confiabilidade estão descritas nas páginas 179 a 184 do livro de Pesquisa Social "Métodos e Técnicas", de autoria de Roberto Jarry Richardson e colaboradores, páginas essas não vou transcrever no presente capítulo.

2.3. Fatores que afetam a confiabilidade de um instrumento

São três as categorias que podem afetar a confiabilidade de um teste ou instrumento. Podem ser relacionados à natureza do instrumento, à natureza dos sujeitos e à aplicação do instrumento.

Quanto maior for o número de itens de um teste, pode-se dizer que, em regra, maior a confiabilidade do instrumento. Caso um teste seja aplicado a sujeitos com habilidades semelhantes, a variância tende a ser bem menor. Se a pessoa que o aplicar fornecer informações mais detalhadas sobre cada item, a confiabilidade dos resultados poderá ser melhor.

2.4. Fatores que melhoram a confiabilidade de um instrumento

Pode-se dizer que:
– quanto maior o número de itens, maior a confiabilidade;
– itens com duas alternativas, tipo falso ou verdadeiro, são menos confiáveis;
– itens muito fáceis ou muito difíceis diminuem a confiabilidade;
– itens devem ter posições intermediárias entre posições extremas;
– as instruções devem evitar frases vagas e imprecisas;
– a aplicação do instrumento deverá ser feita em ambientes favoráveis.

O valor ideal do coeficiente de confiabilidade, segundo Keley, depende do que está sendo pesquisado. Caso as decisões se relacionem com atitudes ou rendimentos de um grupo, o coeficiente de confiabilidade não deve ser inferior a 0,50. Na hipótese de a decisão referir-se a um sujeito específico, o coeficiente de confiabilidade não deveria ser inferior a 0,94. Na verdade, a maioria dos coeficientes deve situar-se entre o intervalo de 0,50 e 0,94.

3. Validade

Na hipótese de se ter um instrumento confiável, não há certeza de que ele meça o que se quer. Só se considera um instrumento válido, quando ele é capaz de medir o que se deseja.

Há vários tipos de validade, dentre os quais destacamos a concorrente, a preditiva, a de conteúdo e a de construto.

3.1. Validade concorrente e validade preditiva

As duas validades, concorrente e preditiva, são muito parecidas, divergindo apenas na dimensão temporal. São caracterizadas pela predição, com relação a um critério externo de um instrumento. Quando este tem uma correlação significativa com algum tipo de comportamento posterior, afirma-se que há validade preditiva.

3.2. Validade de conteúdo

Quando um pesquisador elabora um instrumento para medir o comportamento de uma pessoa em diversas situações, ele está trabalhando com a validade de conteúdo. Ela diz respeito ao conteúdo do instrumento, que deve ser relevante ao objetivo formulado.

Se elaboro um questionário para avaliar a opinião de consumidores sobre os atributos de determinado produto, como qualidade, sabor, aroma e cor, posso afirmar que esses atributos dizem respeito à validade de conteúdo.

3.3. Validade de construto

Quando o pesquisador elabora um instrumento de avaliação (um questionário para medir a ansiedade de um indivíduo quando enfrenta determinados tipos de situações, por exemplo), pode-se dizer que a validação desse instrumento é uma validação de construto.

Ele pode ser entendido como uma hipótese ou alguma explicação para determinados tipos de comportamentos.

A validade, em geral, e sobretudo a de construto de um instrumento, está muito mais relacionada com a essência da ciência do que com uma simples técnica. Um instrumento de validade de construto ou de qualquer tipo de validade de uma pesquisa é dito válido quando ele mede o que se deseja.

CAPÍTULO IX

A Pesquisa e seu Planejamento

O planejamento é uma atividade indispensável a qualquer empreendimento de qualquer tipo de organização.

Conceitua-se o planejamento em geral como um procedimento lógico, técnico-científico, indispensável à elaboração de qualquer atividade organizacional ou de pesquisa.

Horácio M. de Carvalho ensina-nos que o planejamento é "um processo que dá maior eficiência à atividade humana para alcançar, em prazo determinado, um conjunto de metas estabelecidas".[1] Esse processo é sistematizado e se concretiza por intermédio da elaboração de documentos: plano, programa, projeto e meta, sendo que são simples instrumentos da atividade de planejamento. Para melhor visão do projeto de pesquisa, sintetizemos cada um: geralmente se diz, em termos de tamanho, que o plano é global, nacional, mais abrangente; o programa é setorial, regional, macrodivisão de plano; o projeto é subsetorial, municipal, divisão do programa; e a meta é o planejamento unitário ou local de uma ação, microdivisão do projeto.

1. Plano

O plano é apenas um roteiro, um instrumento de referência e, como tal, é abreviado, esquemático, sem colorido. O indivíduo, concretizando suas decisões, num plano bem definido e coerente, terá sempre à mão o roteiro seguro da marcha a seguir e das providências a tomar no seu devido tempo,

---

[1] CARVALHO, Horácio Martins. *Introdução ao projeto de pesquisa científica*. 2ª edição. Rio de Janeiro: Petrópolis, 1979, p. 8.

relacionando todos os pormenores de sua atuação com os objetivos traçados. São considerados como características essenciais do bom plano:

– *Coerência:* as atividades planejadas devem manter perfeita coesão entre si, de modo que não se dispersem em distintas direções; de sua unidade e correlação dependerão o alcance dos objetivos propostos.

– *Sequência:* deve existir uma linha ininterrupta que integre gradualmente as distintas atividades, desde a primeira até a última, de modo que nada fique jogado ao acaso.

– *Flexibilidade:* deve permitir a inserção de temas ocasionais, subtemas não previstos e questões que enriqueçam os conteúdos por desenvolver, bem como permitir alteração, restrição ou supressão dos elementos previstos, de acordo com as necessidades dos interessados, alunos e pesquisadores.

– *Previsão e objetividade:* os enunciados devem ser claros, precisos, objetivos e sintaticamente impecáveis. As indicações não podem ser objeto de dupla interpretação; as sugestões devem ser inequívocas.

2. Programa

O programa é um instrumento setorial, regional, e subdivisão maior do plano (o programa educacional, por exemplo). Este, como sabemos, segundo o texto da reforma, era concedido como instrumento para desenvolver na criança as habilidades de observar, criar, pensar, julgar, decidir e agir. O texto também sugeria que professores especialistas se preocupassem com a construção de programas, não com a quantidade, e sim com a qualidade do conhecimento a ser aprendido.

Os programas consistiam em complemento do regulamento do ensino primário e apresentavam recomendações detalhadas sobre os conteúdos de cada disciplina, estratégias e métodos a serem usados, bibliografia para cada professor e para o aluno, formas de avaliação etc. Essas recomendações foram organizadas segundo princípios que, embora específicos para cada disciplina, podem ser considerados princípios de construção curricular, pois envolviam sugestões sobre a organização escolar e atividades extraclasses. Os programas não se constituíam em simples listas de conteúdo.

3. Projeto

Projeto é a mobilização de recursos para a consecução de um objetivo predeterminado, justificado econômica ou socialmente, em prazo também determinado, com o equacionamento da origem dos recursos e detalhamento das diversas fases a serem efetivadas até a sua execução. Essa definição visa diretamente objetivos econômicos e administrativos, mas serve também para o projeto de pesquisa científica. De fato, neste, o objetivo predeterminado é a solução que se pretende alcançar para um determinado problema. Para encontrá-la, far-se-á mobilização de recursos, tanto humanos como materiais, bibliográficos, instrumentais e financeiros. Deve-se provar que os recursos mobilizados, o tempo e as despesas que serão gastos justificam a solução procurada. No projeto deve existir detalhamento das diversas fases a serem efetivadas, apresentando-se, também, num cronograma, o tempo necessário para executá-las e o que será feito em cada momento.

Um projeto serve essencialmente para responder às seguintes perguntas. Quando e com quanto fazer? Como pagar? Quem vai fazer?

4. Meta

A meta corresponde ao propósito global da organização. Quem deve e pode definir a meta da empresa são seus proprietários, observando que, em sua opinião, a empresa com finalidade lucrativa deve ser visualizada como uma máquina de fazer dinheiro e sua meta, definida pragmaticamente como "ganhar dinheiro", tanto no presente como no futuro.

A partir da proposição do estabelecimento da meta como o objetivo maior da empresa, a teoria das restrições define os parâmetros que auxiliam a medição do grau de alcance da mesma. Assim, são estabelecidos dois medidores propriamente ditos e uma situação necessária. O primeiro é um medidor absoluto: o lucro líquido mede o quanto de dinheiro está sendo gerado. O segundo é um medidor relativo: o retorno sobre o investimento dimensiona o espaço necessário para o alcance de determinado nível de lucro. O terceiro indicador é o fluxo de caixa.

As medidas de alcance da meta estão voltadas para a medição do desempenho global da empresa. É muito importante, no entanto, estabelecer parâmetros que guiem as ações operacionais no sentido do cumprimento da meta.

5. Etapas do planejamento da pesquisa

Sabe-se que há quatro etapas que compõem o planejamento de uma pesquisa científica: preparação, identificação, execução e apresentação dos resultados e relatórios.

5.1. Preparação da pesquisa

O planejamento da pesquisa parte da decisão, o primeiro passo da elaboração do projeto. O pesquisador toma a decisão de realizá-la. O projeto contém a especificação de objetivos, a determinação de um objetivo geral e outros específicos, a fim de mostrar o que se vai procurar e o que se pretende alcançar; os objetivos tornam explícito o problema. É necessário desenvolver um esquema de elaboração e de execução da pesquisa, que auxilia o pesquisador em uma abordagem mais objetiva e proporciona ordem lógica ao trabalho. Em seguida vem a constituição da equipe de trabalho, aspecto importante do início da pesquisa, englobando o recrutamento e treinamento de pessoas, com a distribuição de tarefas ou funções, a indicação de locais de trabalho e o recolhimento ou seleção do equipamento necessário ao pesquisador. Uma pesquisa, sem dúvida, pode ser realizada apenas por uma pessoa. E, finalmente, torna-se indispensável a fase preparatória. O levantamento de recursos humanos, materiais e financeiros é necessário ao orçamento aproximado dos gastos e custos operacionais. Elaboram-se também uma metodologia de como será feita a pesquisa e um cronograma com diferentes atividades e tempo de realização das etapas.

5.2. Identificação

Essa etapa do planejamento compõe-se por vários itens importantes. O primeiro é a *escolha do tema,* a seleção do assunto que se quer estudar, o que será explorado no trabalho científico.

O segundo, *levantamento de dados,* utiliza-se de três procedimentos: pesquisa documental, pesquisa bibliográfica e contatos diretos, e tem o objetivo de coletar todo o material que possa ser utilizado e tenha subsídios importantes para o seu trabalho.

O terceiro é a *formulação do problema*, ou seja, definir, delimitar, propor, caracterizar, avaliar e valorizar, a fim de identificar o assunto estudado. Uma forma de aperfeiçoar um problema científico é relacionar vários fatores com o fenômeno em estudo.

O quarto item das fases da pesquisa é a *definição dos termos*, cujo objetivo é torná-los claros, compreensíveis, objetivos e adequados, a fim de compreender melhor a realidade observada.

O quinto é a *construção de hipóteses*, a partir de um embasamento teórico, cuja função é propor explicações para certos fatos e ao mesmo tempo orientar a busca de outras informações, com a finalidade de verificar a veracidade das respostas existentes para um problema.

O sexto item é a *indicação de variáveis*, colocadas, após a formulação do problema e das hipóteses, de maneira definida, clara, objetiva e operacional, dando validade à pesquisa.

O sétimo item é *a delimitação da pesquisa ou a natureza da pesquisa*, ou seja, estabelecer limites para a investigação, embora esse item nem sempre seja necessário, pois o próprio assunto e seus objetivos, algumas vezes, já a delimitam.

O oitavo é a *amostragem*, em que a amostra se define pela parcela convenientemente selecionada do universo, é um subconjunto do universo.

Selecionar os métodos e as técnicas é o nono item das fases da pesquisa e de muita importância, pois estes são os meios de se alcançar o objetivo da pesquisa, que é solucionar de maneira adequada o problema abordado.

O décimo é *a organização do instrumental*, de grande importância no planejamento da pesquisa. Esse décimo item denomina-se de técnicas: instrumentos indispensáveis à coleta de dados e informações de pesquisa.

Os itens do sétimo ao décimo devem fazer parte da *metodologia da pesquisa.*

E, por fim, devem-se testar os instrumentos e procedimentos, para verificar as reais condições de esses instrumentos garantirem resultados isentos de erros.

5.3. Execução da pesquisa

Esse momento do planejamento é final numa pesquisa, é o momento em que os métodos, as técnicas e os instrumentos selecionados começam a ser aplicados.

A coleta de dados é o início da execução, o registro dos dados previstos na pesquisa e essencial para seu sucesso. Todos os itens anteriores devem ser bem elaborados. Em seguida vêm a *elaboração e a classificação sistemática dos dados coletados,* devendo estes ser selecionados, codificados e tabulados. O próximo passo é a *análise e a interpretação dos dados coletados*. Deve-se tentar evidenciar as relações entre o fenômeno estudado e outros fatores; uma interpretação científica significa a exposição do verdadeiro significado do material apresentado em relação aos objetivos propostos e ao tema. *A representação dos dados*, quarto item, faz-se através de tabelas, quadros, figuras e gráficos, a fim de ilustrar os resultados obtidos. Por fim, temos a última fase do planejamento, *as conclusões* a que o pesquisador chegou, expostas na conclusão do resultado da pesquisa: uma síntese comentada das ideias essenciais e dos principais resultados obtidos, explicitados com precisão e clareza. É o coroamento da exposição factual sobre o que foi pesquisado, analisado e interpretado. Na conclusão incluem-se também as sugestões e as recomendações do pesquisador.

5.4. Relatórios: parcial e final

O relatório é a exposição geral da pesquisa, desde o planejamento até as conclusões, incluindo os processos metodológicos empregados. Assim, uma síntese das conclusões, recomendações e sugestões tem a finalidade de dar informações detalhadas sobre os resultados finais da pesquisa, para que eles possam alcançar sua relevância. Os especialistas afirmam que o relatório deve conter quatro aspectos:

a) Apresentação do problema ao qual se destina o estudo.
b) Processos de pesquisa: plano de estudo, método de manipulação da variável independente, natureza da amostra, técnicas de coleta de dados, método de análise estatística.
c) Resultados.
d) Consequências deduzidas dos resultados: conclusões finais.

Sintetiza-se o planejamento de uma pesquisa através da execução de várias etapas. Em primeiro lugar, a preparação composta da decisão, da especificação dos objetivos, da elaboração de um esquema, da constituição de uma equipe de trabalho e do levantamento de recursos e cronograma.

Em segundo lugar, vimos as fases que compõem uma pesquisa: escolha do tema, levantamento de dados, formulação do problema, definição dos termos, construção de hipóteses, indicação de variáveis, delimitação da pesquisa, amostragem, seleção de métodos e técnicas, organização do instrumental de pesquisa e teste de instrumentos e procedimentos. Ou seja, como se deve elaborar o conteúdo de um projeto de pesquisa.

Em terceiro lugar, faz-se a execução da pesquisa, em coleta de dados, elaboração, análise, interpretação e representação de informações coletadas, e as conclusões a que o pesquisador chegou.

No final vem o relatório, com sua finalidade e os aspectos que ele deve abranger. O relatório pode ser parcial ou terminal (final).

Quando parcial, serve de base para a elaboração parcial da monografia, da dissertação ou da tese, no seu momento de *exame de qualificação*. Quando se trata de relatório final, ou resultado final, serve de fundamento à sua apresentação ou defesa; torna-se o trabalho científico definitivo: monografia, dissertação ou tese.

CAPÍTULO X

O Projeto
de Pesquisa e o Anteprojeto

A pesquisa científica é um procedimento racional e sistemático com o objetivo de promover respostas aos problemas, às inquietações, às ansiedades e aos questionamentos do pesquisador. Para o desenvolvimento de uma pesquisa, tornam-se necessários conhecimento, utilização de métodos adequados e aplicação da técnica correta. A obtenção do sucesso da pesquisa encontra-se no planejamento antes de sua execução. Nesse planejamento inclui-se, como segunda etapa, a elaboração do instrumento denominado projeto de pesquisa. A pesquisa é a busca da solução de um problema, através da execução do projeto.

O projeto de pesquisa nada mais é que um documento científico em que se encontram explicitadas as ações a serem desenvolvidas no decorrer da pesquisa. Interessa sobretudo ao pesquisador e à sua equipe. É um instrumento científico de trabalho.[1]

Segundo Holanda, um planejamento, até alcançar a forma de um projeto, passa por fases como:

– *Estudos preliminares:* preparação e equacionamento geral do problema.
– *Anteprojeto:* estudo mais sistematizado dos aspectos gerais do projeto.
– *Projeto:* estudo dos problemas com detalhamento, rigor e precisão.
– *Montagem e execução:* colocação em funcionamento.
– *Funcionamento normal.*

---

[1] CARVALHO, Horácio Martins. *Introdução ao projeto de pesquisa científica.* 2ª edição. Rio de Janeiro: Petrópolis, 1979, p. 8.

Para Belchior, um projeto serve para responder às perguntas:

– O que fazer?
– Por que, para que e para quem fazer?
– Onde fazer?
– Como, com que, quanto e quando fazer?
– Com quanto fazer? Como e quanto pagar?

O presente capítulo pretende apresentar um *roteiro de pesquisa*, alocando as etapas de um projeto e associando as respostas das questões acima formuladas.

1. Tema e problema

Embora não haja regras rígidas e fixas para a elaboração de um roteiro ou um projeto de pesquisa, a experiência e a leitura de livros e das normas da ABNT – Associação Brasileira de Normas Técnicas – conduzem-nos a elaborar e apresentar um procedimento racional e sistemático do projeto de pesquisa. O tema é o objeto da pesquisa. Exemplo*: Titulação e produção científica do corpo docente da Universidade de Fortaleza.* O tema é mais restrito que o assunto, faz parte dele: *A Universidade e seu corpo docente.* Isso mostra que o assunto é mais amplo e abrangente que o tema. Geralmente, confunde--se tema com título. Este é o rótulo daquele. Podem-se dar vários títulos ao mesmo tema sobre a remuneração e a titulação dos professores universitários. Exemplos: *A Universidade e a remuneração dos seus professores com base na titulação; A remuneração e a titulação dos docentes da UNIFOR.* Ou o que escolhemos inicialmente: *Universidade de Fortaleza: titulação decente e respectiva remuneração,* se quisermos especificar e delimitar mais o tema.

O problema deve ser relatado, diagnosticado e sempre acompanhado, no final, de uma pergunta explícita sobre como tentar solucioná-lo.

2. Objetivos: o que fazer?

Os objetivos sintetizam o que se quer alcançar com a elaboração e execução do projeto de pesquisa. Há dois tipos de objetivos: o geral e os específicos.

2.1. Objetivo geral

Define, de modo geral, o que se pretende alcançar. Refere-se a uma visão global e abrangente do problema. Muitas vezes, nesse momento, é preciso haver uma redefinição do diagnóstico do problema.

2.2. Objetivos específicos

Determinam etapas a ser cumpridas, devendo expressar apenas uma ideia, vinculando-se à solução do problema. Podem vir na seguinte ordem: exploratório, descritivo e explicativo. Ajudam na consecução do objetivo geral.

3. Justificativa: por que fazer?

Justifica como surgiu o problema levantado, os motivos de ordem teórica e prática, apresentando as razões em defesa do estudo e inferindo as possíveis contribuições do trabalho. Tem como objetivo expor a relação com o contexto social e fundamentar a viabilidade da execução da proposta. Deve-se reportar aos aspectos inovadores do trabalho, bem como ao local a ser pesquisado. A justificativa deve-se iniciar pela referência da experiência vivida, seguida da formulação do problema que se deve estudar. Deve conter, no máximo, duas páginas, não inclui citações e tem caráter pessoal.

4. Hipóteses e variáveis

As hipóteses são suposições enunciadas ou juízos elaborados pelos pesquisadores antes da execução da pesquisa, no texto do projeto, que poderão ou não ser confirmadas.

As hipóteses devem ser extraídas dos problemas levantados, podendo ser univariadas, multivariadas ou de relação causal. Sua formulação clara e precisa, indicando a contribuição teórica, é imprescindível para a condução da pesquisa. É importante definir as variáveis, distinguindo as independentes das dependentes.

As variáveis são importantes termos utilizados, orientadores do conteúdo da pesquisa. Podem estar descritas nos objetivos, nas hipóteses ou em ambos, objetivos e hipóteses, apresentando três características fundamentais:

– São aspectos observáveis de um fenômeno.
– Devem apresentar variações ou diferenças em relação ao mesmo ou a outros fenômenos.
– São inúmeras, e as mais importantes são: independente, dependente e interveniente. Esta serve para ligar as duas anteriores, ou seja, a dependente à independente.

Exemplo: *O aluno estudioso* (var. independente) tira *boas notas* (variável interveniente) e passa folgado no *exame final* (variável dependente).

5. Metodologia

A metodologia de um projeto de pesquisa deve, no mínimo, conter os seguintes subitens: localização, natureza e tipo da pesquisa; população e amostra; métodos e técnicas, e outros procedimentos.

5.1. Localização

A localização é a descrição do local onde se vai desenvolver a pesquisa ou ser aplicado o seu projeto. Denomina-se de visão geoespacial da pesquisa e respectivo projeto.

5.2. Natureza e tipologia

Nesse item, o elaborador do projeto determina de que corrente ou linha de pensamento científico ou mesmo de que visão ideológica vai ser sua pesquisa (se segue o positivismo, o fenomenologismo ou o marxismo; se é de natureza empírica ou exclusivamente científica; se é de cunho qualitativo ou quantitativo).

Quanto ao tipo, deve o pesquisador explicitar se a pesquisa é só pura, teórica, bibliográfica ou tem características dos tipos histórico, experimental, descritivo, ou das subdivisões do tipo descritivo: opinião, motivação, estudo de caso, exploratória, documental.

5.3. População e amostra

A *população,* denominada também de *universo* da pesquisa, é formada por todos os elementos – pessoas, animais ou objetos – que compõem *o todo* a ser pesquisado; *amostra* é o percentual desse todo, que vai representá-lo como objeto da pesquisa e sob o qual se levantam os dados e informações analisados e interpretados no resultado da pesquisa.

Entende-se, por *população*, totalidade de indivíduos que possuam as mesmas características definidas para um determinado estudo.

A *amostra* refere-se a um subconjunto da população.

Contudo, esses conceitos não são fixos. O que em uma ocasião é considerado população em outra poderá ser amostra.

Para o efetivo desenrolar do trabalho, é preciso determinar e estabelecer os seguintes pontos:

– Parâmetros da população.

– Se uma amostra de estatístico conhecido provém de uma população cujo parâmetro se conhece.

– Se duas ou mais amostras, conhecendo-se seus estatísticos, provêm de uma mesma população.

– O tamanho da amostra deve alcançar determinadas proporções mínimas, estabelecidas estatisticamente. Alguns fatores estão envolvidos no seu estabelecimento: amplitude do universo, nível de confiança estabelecido, erro estimado permitido e proporção da característica pesquisada no universo.

5.4. Métodos e técnicas

Os métodos e as técnicas mostram o caminho e os instrumentos de coleta de dados e informações para serem interpretados e analisados no resultado da pesquisa, que pode ser uma monografia, uma dissertação, uma tese ou simplesmente um trabalho de fim de curso, na graduação ou na pós-graduação *lato sensu*. Respondem à questão: Com que ou como fazer? Que método seguir e que técnicas aplicar?

Deve-se indicar, de modo detalhado, que caminho, suprimentos e equipamentos são necessários para a realização da pesquisa (métodos e técnicas).

5.4.1. Métodos

Entre os métodos que poderão ser selecionados para servir de base, de caminho para se coletar os dados e as informações, há os racionais, os qualitativos e os quantitativos. Os racionais são ditos mais "científicos", pois, como nos ensina a epistemologia, utilizam-se mais do raciocínio e da razão. São eles: o indutivo, o dedutivo e o dialético. Entre os qualitativos, sobressaem-se: observação, descrição, comparação, análise, síntese. Entre os quantitativos, temos o matemático, o estatístico, o sociométrico, o econométrico e outros, conforme descritos no capítulo III.

5.4.2. Técnicas

As técnicas ou instrumentos mais utilizados em pesquisa, seja empírica ou científica, são: questionários, entrevistas, formulários e impressos. O pesquisador deve descrever que informação pretende obter com elas e como serão aplicadas. Há outras técnicas que poderão ser descritas em "Outros procedimentos", como a internet, a consulta a colegas, professores e pesquisadores, e os meios de comunicação (telefone, rádio, TV).

Seguem-se a seleção, o treinamento e a discussão com o pessoal para a aplicação dos instrumentos.

Um passo importante na coleta de dados e informações é a checagem aleatória dentro das cotas estabelecidas para cada coletor, com a finalidade de verificar se realmente foi aplicado o instrumento nos indivíduos já entrevistados.

5.5. Outros procedimentos

Nesse item devem ser descritos outros métodos e técnicas auxiliares que o pesquisador pretende utilizar ou utilizou na coleta de dados e informações primários ou secundários, como consultas a especialistas, pesquisadores, professores, e à *internet*, a telefonemas, visitas especiais etc.

6. Análise e interpretação dos dados e informações

Nesse momento, deverão ser precisados como os dados serão processados e que análises serão efetuadas para checar a informação que traga resposta ao problema da pesquisa. Deverão ser relatados os seguintes pontos:

– Que tabelas, quadros, figuras e gráficos serão feitos.
– Quais variáveis deverão ser tabuladas.

– Quais medidas estatísticas deverão ser calculadas para cada variável.
– Quais variáveis e a que testes estatísticos deverão ser submetidos.
– Quais provas estatísticas serão utilizadas para verificar as hipóteses.
– Qual o nível de significância.
– Qual a previsão da interpretação dos dados.

Mais detalhes sobre "análise e interpretação" no capítulo IX.

7. Cronograma

É importante elaborar o cronograma detalhado da pesquisa, com etapas, fases e passos, suas durações e seus respectivos momentos de início e término. O cronograma deverá mostrar todo o inter-relacionamento entre as partes componentes e a duração total do projeto.

É no cronograma que são distribuídas as atividades da pesquisa e o tempo da sua respectiva execução.

8. Orçamento

O orçamento mostra os custos operacionais da pesquisa. Considera todos os custos diretos e indiretos, como os de coordenação, supervisão, técnicos, secretaria, materiais, impressão de instrumentos e outros. Torna-se importante elaborar um fluxo de necessidades de caixa que cubra todo o período da execução.

9. Bibliografia

Em um projeto ou em um trabalho científico não se enumeram a bibliografia final, as "referências bibliográficas" e a introdução.

Parece contra o bom senso e epistemologicamente incorreto a ABNT (Associação Brasileira de Normas Técnicas) denominar de "referências bibliográficas" a bibliografia no fim do trabalho ou do relatório da pesquisa, ou a relação de livros, artigos e documentos outros, como as publicações, governamentais ou não consultados. Mesmo que se ache essa denominação científica e epistemologicamente imprópria, o ato de não seguir as normas faz com que a parte em questão deixe de ser realmente uma "referência à bibliografia" consultada pelo autor ou autores de um trabalho científico.

Em outra conotação, as referências bibliográficas são aquelas colocadas no texto, entre parênteses, como fazem os americanos, ou no rodapé, como ensinam as universidades europeias. Muitos especialistas defendem o ponto de vista de que a relação de publicações e livros consultados que se escreve no final de um trabalho deve ser denominada *bibliografia*. Mesmo com a confusão sobre essa denominação, recomenda-se a utilização das normas da ABNT.

A elaboração de projeto de pesquisa é feita seguindo etapas. Para facilitar o acompanhamento das ações correspondentes, são apresentados fluxos de sugestões sob a forma de diagrama.

O trabalho de pesquisa exige persistência, dedicação ao trabalho, esforço contínuo e paciência, além de submissão aos procedimentos do projeto, que é um *roteiro* seguro, com os mais importantes pontos, disponibilizando ao pesquisador os procedimentos e instrumentos básicos a serem utilizados na execução da pesquisa. Assim, de posse dessa arma, o pesquisador encontrará incentivo para o aprimoramento do conhecimento, bem como desenvolverá o interesse para a pesquisa científica.

10. Apêndices e anexos

Os apêndices são pequenos resumos ou diminutos trabalhos do mesmo autor de um artigo ou de um trabalho científico, logo após a bibliografia.

Os anexos são trabalhos pequenos de outros autores, ligados ao tema, e que servem para enriquecer o seu conteúdo. Devem ser anexados ao projeto de pesquisa como modelos dos instrumentos a serem utilizados para a coleta de dados: escala de atitudes, pequenos trabalhos que venham a enriquecer o conteúdo do resultado da pesquisa.

Se forem do autor do trabalho ou da pesquisa, são denominados de *apêndices*.

11. Modelo de anteprojeto de pesquisa

11.1. Identificação

a) Tema:
– Determinação do Risco de Crédito de empresas comerciais e industriais: uma aplicação da Análise Discriminante a empresas de grande e médio porte no município de Fortaleza (CE).

b) Linha de pesquisa:
– Gestão de Projetos Industriais, Comerciais e de Serviços.

c) Objetivos:
– *geral*: estudar o risco de crédito das empresas comerciais e industriais de grande e médio portes em Fortaleza, com base na análise discriminante.
– *específicos:* levantar as principais empresas industriais e comerciais de grande e médio porte de Fortaleza; verificar o resultado da análise discriminante aplicada a essas empresas; determinar o risco de crédito das empresas estudadas.

11.2. Problema

Os modelos de previsão de insolvência, cuja utilização é mais difundida no Brasil, são adequados ao mercado e à realidade empresarial cearenses?

É possível determinar um modelo matemático mais adequado para a mensuração do risco de crédito apresentado por empresas cearenses?

11.3. Justificativa: contextualização e importância

O crescente nível de competitividade entre os que emprestam dinheiro ou cedentes de crédito, bem como a introdução de um conjunto específico de normativos aplicáveis ao setor financeiro, resultam na aplicação de critérios cada vez mais rigorosos e seletivos na tomada de decisão para a concessão de crédito a pessoas físicas e jurídicas.

Nesse contexto, os modelos quantitativos vêm sendo empregados em escala crescente por instituições financeiras e outros *"money lenders"*. Em sua essência, esses modelos quantitativos buscam fornecer respostas para a seguinte pergunta: qual é o risco de os recursos alocados sob a forma de empréstimos ou financiamentos não serem recuperados?

Assim, a determinação do argumento matemático (variáveis e parâmetros) que melhor se ajuste a um determinado conjunto de empresas possibilita a otimização da eficiência do processo de tomada de decisões relativas à concessão do crédito (ao possibilitar menor custo financeiro para o tomador dos recursos, menor nível de inadimplência e menor dispêndio de recursos com créditos de difícil recuperação, por exemplo).

A pesquisa proposta, partindo da premissa de que as especificidades da economia e das empresas cearenses diferem daquelas existentes nos ambientes nos quais foram formulados os modelos de previsão de insolvência mais difundidos na literatura financeira, verificará a adequação desses modelos à realidade econômica e empresarial do Ceará e estabelecerá um modelo alternativo mais ajustado a essa realidade.

Os resultados dessa pesquisa, na forma de um modelo matemático de previsão de insolvência, poderão ser utilizados diretamente pelos agentes econômicos com ofertas de crédito das seguintes maneiras: a) na definição do limite de crédito de empresas demandantes de crédito; b) determinação do *"rating"* de crédito dessas empresas; e c) definição mais eficiente de estratégias de cobrança dos recursos cedidos.

Em última instância, portanto, espera-se que, a partir da disponibilidade de um melhor instrumento de tomada de decisão, seja reduzida a ineficiência do processo de concessão de crédito e, por consequência, seja possível uma redução dos custos envolvidos nesse processo.

11.4. Metodologia

– Realizar pesquisa bibliográfica relativa às formulações conceituais e teóricas sobre os assuntos tratados na pesquisa.

– Evidenciar e conceituar os principais indicadores econômico-financeiros cujos valores serão levantados junto às empresas pesquisadas.

– Apresentar e analisar os principais modelos matemáticos de previsão de insolvências existentes.

– Definir o universo de empresas objeto desta pesquisa, estabelecendo os critérios de seleção da amostra a ser pesquisada.

– Pesquisar os dados constantes das demonstrações contábeis das empresas selecionadas, complementando o levantamento das informações necessárias através do emprego de formulários aplicados a essas empresas.

11.5. Cronograma

ANO: 2008

Meses	J	F	M	A	M	J	J	A	S	O	N	D
1. Levantamento bibliográfico												
2. Seleção												
3. Leitura/Fichário												
4. Coleta de dados												
5. Análise e interpretação												
6. Resultado monográfico												

CAPÍTULO XI

Análises Interpretativa e de Conteúdo

O estudo sobre a *análise e interpretação de resultados* de uma pesquisa destina-se a quem desejar manter um primeiro contato com o assunto. Trata-se, aqui, de uma síntese ainda que prematura de experiência em trabalhos científicos.

Foi baseado em pesquisas bibliográficas de autores dos mais renomados na área da metodologia e da pesquisa científica, como também em pesquisas em revistas e *sites* na internet que possibilitaram reflexão do conteúdo.

Visa destacar a importância da compreensão e interpretação de dados, bem como o desenvolvimento da habilidade da comunicação na escrita através do uso frequente do hábito da leitura.

Aborda o assunto leitura, sua análise e interpretação de forma introdutória; apresentando, portanto, noções simples e de fácil compreensão para o leitor.

Considerando a relevância do tema, o estudo sobre a análise e a interpretação dos dados e informações coletados é pertinente por se tratar de um tema exigido na área acadêmica, servindo para aprendizagem da leitura eficiente ou para apresentação do resultado em relatório, monografias de pesquisa de caráter científico e, quem sabe, podendo ser objeto de pesquisas para colegas e demais interessados.

1. A leitura e sua interpretação

Foi visto no capítulo II como a leitura é indispensável e importantíssima para a pesquisa bibliográfica, constituindo-se sua principal técnica. Maior ainda é sua importância no uso da análise e interpretação de textos e informações na coleta de dados na pesquisa. Torna-se a leitura, neste capítulo, necessária e imprescindível para que haja uma boa análise interpretativa das informações e dos dados coletados. Por isso serão revistos aqui o conceito, a interpretação e os tipos da leitura.

1.1. Conceito e interpretação da leitura

A primeira etapa da análise na minha concepção é a leitura e sua compreensão. Realizar uma leitura não é ler apenas com os olhos; é saber interpretar e analisar com visão global o assunto exposto.

De acordo com alguns pesquisadores (Holanda, 1997, p. 390), o conceito de leitura pode ser "a arte de decifrar e fixar um texto de autor segundo determinado critério". Interpretar representa uma arte; explicar os pensamentos de terceiros depende da compreensão e do raciocínio de cada um. A interpretação é subjetiva, pois vai depender da forma como foi assimilado o assunto.

A leitura de textos, de qualquer tipo, requer algumas técnicas importantes, como concentração e dedicação. Quando o texto possui cunho científico ou filosófico, requer uma atenção maior em virtude da complexidade do assunto e, por conseguinte, necessita do emprego da inteligência reflexiva.

O grau de complexidade do texto é um fator determinante que pode intimidar e estimular cada vez mais os leitores; à medida que o assunto se torna complexo, nota-se a inibição e diminuição de frequência de leitura, comprometendo, assim, a interpretação e a análise de qualquer informação.

1.2. Tipos de leitura

Como foi visto no Capítulo III, há, pelo menos, quatro tipos de leitura que exigem maior ou menor esforço intelectual. São elas, em ordem decrescente para a metodologia e a pesquisa científicas:

– *leitura mecânica ou leitura tipo passatempo:* leve, sem muitas exigências, funcionando para despertar o hábito da leitura;

– *leitura informativa:* requer maior concentração, apesar de ainda ser considerada leve, devido aos assuntos do cotidiano encontrados em jornais e revistas;

– *leitura para ampliar conhecimentos*: exige um pouco de atenção e metodologia;

– *leitura da pesquisa científica e tecnológica*: fornecedora de uma gama de conhecimentos científicos nos campos teológico, filosófico e científico. Baseada em pesquisas em que o espírito crítico deve ser uma ferramenta utilizada com frequência. Esse tipo de leitura serve para a análise e a interpretação em pesquisas científicas. Ela também exige rigor na seleção de leitura, isto é, de livros.

2. Análise e interpretação

O que é analisar ou interpretar, ou o que é uma análise interpretativa numa metodologia científica ou na apresentação dos resultados de uma pesquisa?

Segundo Holanda (1995, p. 40), analisar é "decompor um todo em suas partes constituintes, a fim de poder efetuar um estudo mais completo".

O conceito semântico de análise é muito vasto e peculiar, principalmente quando se assume uma perspectiva científica. Para Ferrari (1982, p. 239), "análise científica consiste na discriminação dos componentes de um fenômeno com base em categorias, condições, situações etc.".

Analisar, para nós, é fazer estudo extenso de uma obra ou parte dela, desintegrando-a, procurando separar os distintos elementos que a compõem, até conseguir penetrar na ideia primitiva que a originou, achando esse item misterioso que é a chave do autor.

É "mostrar em partes o conteúdo de um todo".

A percepção do leitor é uma qualidade que deve ser aguçada e trabalhada; a curiosidade e a busca incessante pelas razões em que se baseia um filósofo à procura das verdades devem constar em sua personalidade. O analista é uma ser inquieto, quer descobrir as relações de causa e efeito entre dados, aprofunda-se no conhecimento para decifrar a realidade.

No entendimento de Berelson, citado por Richardson (1989, p. 174), a análise é "uma técnica de pesquisa para descrição objetiva, sistemática e quantitativa do conteúdo manifesto da comunicação". Berelson não dava importância ao estudo da comunicação não verbal, à semiologia ou mesmo a fenômenos culturais.

O conceito de análise proposto por Severino (1999, p. 147) é "um processo de tratamento do objeto pelo qual este objeto é proposto em partes constitutivas, tornando-se simples aquilo que era composto e complexo".

O que se pode observar em comum em todas as definições acerca de análise é a sugestão de segmentar o todo, para que dele possa ser retirado sua essência.

A análise é a uma forma prática de interpretação em que obras são retalhadas, agrupando as ideias com sentidos semelhantes, organizando-as hierarquicamente de modo que o conteúdo seja transmitido e resumido sem fugir da realidade pretendida pelo autor, podendo ser atualizado quando na introdução de informações novas.

Embora seja difícil e não tão necessário distinguir a análise da interpretação, em geral a análise caracteriza-se por conclusões baseadas fortemente nos dados levantados, enquanto que a interpretação se caracteriza por suposições baseadas mais na percepção do pesquisador do que em evidências concretas.

2.1. Histórico da análise de conteúdo

As primeiras análises de que se tem conhecimento aconteceram no século XVII e foram interpretações de conteúdo e autenticidade de hinos, com intenção de descobrir os efeitos sobre os luteranos, porém sem nenhum rigor científico. Somente no início do século surgiram as primeiras preocupações dos americanos com o rigor científico de análise.

O iniciador da história de análise foi Howard Laswell, em um período que coincidiu e culminava com a escola behaviorista (ou escola do comportamento), que descrevia a conduta dos indivíduos como resposta a estímulos sociais. A partir daí começaram a surgir várias escolas com diferentes linhas de pensamento, cada uma defendendo a melhor forma de conduzir a análise, utilizando os mais distintos métodos e técnicas em vários campos de aplicação.

No período de 1950 a 1960, surgiram vários pensamentos a respeito das técnicas de se apurar e interpretar resultados. Alguns cientistas acreditavam que qualquer mensagem podia ser mensurada; codificando seus elementos, calculava-se a frequência e correlações que permitiam as explicações.

Ainda de acordo com Berelson, citado por Richardson (1989, p. 174), a análise de conteúdo é "uma técnica essencialmente quantitativa"; toda e qualquer mensagem pode ser interpretada, mas estudando apenas as características nelas presentes. Nos anos seguintes, descobriu-se a técnica de análise qualitativa de conteúdo, em que se dava importância às características ausentes da mensagem.

A análise de conteúdo vem aperfeiçoando-se ao longo do tempo, utilizando técnicas novas em várias áreas de conhecimento. Sendo particularmente utilizada para estudar material de tipo qualitativo, a que não é possível aplicar técnicas aritméticas. Segundo Richardson (1989, p. 175), a análise de conteúdo é "a aplicação de métodos científicos a uma evidência documentária".

2.2. Processamento dos dados

Observou-se durante o estudo realizado sobre análise e interpretação de resultados uma heterogeneidade de informações por parte dos autores pesquisados: as obras não chegam a discutir o assunto com clareza. Alguns comentários ficam muito a desejar, obrigando o leitor a buscar outras fontes e tentar por si só dirimir as dúvidas originadas com os textos.

Diante dessas evidências fica difícil elaborar afirmações; portanto, as considerações futuras serão acompanhadas pelo respectivo autor.

Antes de providenciar qualquer análise sobre conteúdos, é indispensável que se definam os objetivos da pesquisa e o tipo de análise solicitada, pois cada uma necessita de técnica individual.

Concluídas as etapas de coleta, conferência de dados, digitação em instrumentos eletrônicos e o processamento de contagem, cruzamento, realizações de cálculos e testes estatísticos, a próxima etapa é a análise, fase que representa para o pesquisador uma etapa das mais importantes.

Cabe ao pesquisador compreender e interpretar aquele amontoado de dados e informações, relacionando-os ao problema e aos objetivos da pesquisa. Só assim será permitido tirar conclusões e fazer sugestões e recomendações que servirão na solução dos problemas e de base na tomada de futuras decisões. De nada valem aqueles dados se não forem interpretados corretamente.

Após o processo da coleta, inicia-se o processo da classificação: os dados precisam ser codificados e tabulados. A classificação, segundo a definição de Rúdio (1995, p. 65), é "uma forma de discriminar e selecionar as informações obtidas, a fim de reuni-las em grupo de acordo com o interesse do pesquisador".

Uma vez que os dados foram codificados e tabulados, chega o momento de analisá-los, a fim de verificar o que significam para a pesquisa. Segundo Rúdio (1995, p. 66), os dados obtidos são estudados da seguinte forma:

a) Caracterizar o que é típico no grupo.
b) Indicar até que ponto variam os indivíduos do grupo.

c) Mostrar outros aspectos da maneira pela qual os indivíduos se distribuem com relação à variável que está sendo medida.

d) Mostrar a relação entre si das diferentes variáveis.

e) Descrever as diferenças entre dois ou mais grupos de indivíduos.

O que se deseja, na verdade, é obter alguma indicação sobre tendência central, que pode ser dada através da média, moda e mediana. A tendência central é a medida usada para indicar um valor que tende a tipificar ou a representar melhor um conjunto de números.

Várias técnicas podem ser utilizadas para se investigar o material colhido.

2.3. Tipos de análises

Os especialistas em análise e interpretação apresentam alguns tipos de análises interpretativas, como:

• *Análise textual:* caracteriza-se pelo contato e pela breve compreensão inicial do texto. Deve-se proceder a leitura integral com a finalidade de se familiarizar com a estrutura do estilo, o método e as expressões utilizadas pelo autor, retirando dele prematuras mensagens. As dúvidas que porventura surgirem na leitura inicial não devem ter relevância simplesmente porque nova leitura será empreendida. Para Galliano (1987, p. 91), "a análise textual é uma preparação inicial e elementar do texto, uma vez que na fase seguinte – análise temática – será permitido conhecer a visão geral do autor". Cabe encerrar a análise com um esquema provisório do que foi lido.

• *Análise temática:* é a fase da interpretação e tem como objetivo a compreensão do texto. Para chegar à mensagem principal, é preciso seguir os passos:

a) *Buscar o conteúdo* do texto – como foi dito anteriormente, nem sempre o título tem a ver com o conteúdo.

b) *Descobrir a ideia principal,* que pode estar implícita ou explícita. A maneira mais simples é conversar com o autor, fazer perguntas, questionamentos que agucem ainda mais a curiosidade. A melhor maneira de descobrir as ideias mestras é examinar cada elemento, excluir algumas ideias e verificar se foi ou não alterado o conteúdo do texto; a retirada de ideias principais tende a modificar o conteúdo do texto, enquanto que as secundárias funcionam como acessórios.

c) *Captar o problema* ou a questão levantada pelo autor e a solução apresentada.

d) *Procurar entender* a mensagem do autor. A característica da análise temática é, a princípio, a preocupação não com a compreensão, mas sim com a aprendizagem.

e) *Representar através de esquema* o conteúdo do texto, de modo que seja possível avaliar passo a passo as ideias principais ou secundárias e compará-las ao esquema da análise textual, verificando que leitura foi mais proveitosa e trouxe mais informações.

• *Análise Interpretativa:* caracteriza-se pelo estágio avançado – o leitor tem a capacidade de deduzir pelo raciocínio lógico a obra lida. A leitura interpretativa do leitor assemelha-se à atividade médica, em que o médico disseca um corpo procurando conhecê-lo por inteiro.

Segundo Severino (1999, p. 24), interpretar é "tomar uma posição própria a respeito das ideias enunciadas, é superar a estrita mensagem do texto, é ler nas entrelinhas, é forçar o autor a um diálogo, é explorar toda a fecundidade das ideias expostas, é cotejá-las com outras, enfim é dialogar com o autor". Esse autor expõe detalhadamente o conceito de interpretar, que pode ser sintetizado como *personalizar ideias alheias sem, contudo, permitir que valores arraigados possam interferir na transmissão de conteúdo.*

A análise interpretativa é a mais profunda, se levarmos em consideração as comentadas anteriormente, e exige esforço, dedicação e disposição da parte do leitor no sentido de pesquisar e complementar dados sobre o autor recorrendo a outras fontes.

A análise interpretativa é um trabalho minucioso e se faz necessária, de acordo com Galliano (1987, p. 95), para "relacionar as ideias expostas pelo autor com o conteúdo da cultura científica e filosófica". A questão não é desacreditar da informação do autor, mas certificar e comprovar sua veracidade, sua fundamentação científica e a linha de pensamento seguida. Quando necessário, faz-se uma comparação com ideias de contemporâneos que defendam os mesmos pensamentos; essa pesquisa só irá contribuir e ampliar os conhecimentos do leitor.

• *Análise crítica e científica* de julgamento. Fazendo essa análise, o leitor deve ser capaz de externar a coerência intrínseca, a originalidade quanto ao tratamento do problema, a medição e o teor das afirmações durante as explanações, sendo imparcial e justo.

Conhecendo, analisando e interpretando, o leitor ou o pesquisador é conhecedor profundo da obra, do texto ou da leitura de dados e informações coletadas e pode, com segurança, *elaborar o resumo e escrever seu trabalho científico* (relatórios, monografias, dissertações, teses e até livros).

2.4. Tipos de análises mais utilizados em pesquisas científicas

Segundo Ferrari (1982, p. 241), a análise como método de pesquisa pode ser:

• *Análise descritiva:* "a análise descritiva tem por finalidade enumerar ou escrever as características dos fenômenos com base em dados protocolares e ideográficos".

• *Análise preditiva:* "comenta ainda que é a forma antecipada de responder sobre a probabilidade de que certos eventos venham a acontecer".

• *Análise normativa:* "análise normativa fundamenta-se num valor ou sistema de valores".

• *Análise prescritiva:* "a análise prescritiva é utilizada para demonstrar como e quando metas desejáveis poderão aparecer. A análise prescritiva inclui sugestões de como o analista atingirá seus objetivos para um plano de ação".

• *Análise quantitativa:* "a análise quantitativa é o procedimento que consiste em aplicar os princípios, técnicas e métodos das ciências matemáticas dentro das ciências factuais. Os dados tratados de forma quantitativa utilizam os procedimentos estatísticos, como o teste de hipótese paramétricos e não paramétricos".

• *Análise qualitativa:* "a análise qualitativa trata-se de decompor o fenômeno, o problema ou assunto em partes tal modo que essas partes se organizem em sua recíproca dependência, procurando estabelecer as relações que estabelece entre as partes".

Os dados na análise qualitativa são tratados da seguinte forma: codificando-os, apresentando-os de forma estruturada e analisando-os.

Vergara (1950, p. 57) faz a seguinte afirmação: "é possível tratar os dados quantitativa e qualitativamente ao mesmo tempo". Dependendo da natureza das variáveis, a pesquisa pode ser quantitativa ou qualitativa.

Segundo Becker (1993, p. 125), pode-se incluir como análise a comparativa – um estudo comparativo de casos de processo demorado. Como afirma Becker "os estudos devem ser construídos um a partir do outro, ao invés de serem feitos simultaneamente".

Apesar de tantas opções de análise, não vale dizer que o pesquisador tenha que escolher somente uma, paralelamente pode-se realizar a análise dos dados utilizando as que envolvem aspectos quantitativos e qualitativos. As diferenças das análises são puramente didáticas; na prática, o uso é concomitante.

3. Apresentação de resultado e ética

A apresentação do resultado da pesquisa em monografia ou outro tipo de trabalho científico compreende a elaboração e entrega do relatório dos resultados da pesquisa, bem como a preparação da apresentação oral dos resultados. É a fase em que o pesquisador irá compartilhar as informações, conclusões, sugestões ou soluções indicadas para a resolução do problema em questão.

O relatório, segundo Gil (1995, p. 67), "é indispensável, embora algumas vezes desconsiderado, mesmo nos meios científicos, posto que nenhum resultado obtido na pesquisa tem valor se não poder ser comunicado aos outros".

O pesquisador, ao elaborar o relatório, deverá ter a preocupação de fazê--lo funcionar como uma ferramenta compreensível, um instrumento de comunicação, e não um quebra-cabeça. Relatórios não vêm, infelizmente, com manual de instruções.

Os relatórios podem ser considerados complexos ou simples. O pesquisador deverá ter conhecimento do público que irá manusear e, por conseguinte, ter como objeto de consulta as características e o nível desse público a quem se destina o relatório. Um relatório funcional é adaptado a seu público e satisfaz os objetivos desejados.

Gil (1995, p. 69) ainda revela que alguns aspectos devem ser considerados na elaboração do relatório no que concerne à estrutura do texto, ao estilo do relatório e aos aspectos gráficos.

3.1. A estrutura do texto

Segundo Gil (1995, p. 70), "a estrutura do texto deve ser apresentada de forma esclarecedora, de modo que se apresente a natureza do problema e suas possíveis soluções, indicar os procedimentos adotados para coleta e análise dos dados, bem como informar acerca das fontes consultadas".

– *Natureza:* informar a natureza do problema pesquisado, as razões, objetivos e necessidades da investigação.

– *Tipologia:* determinar a tipologia da pesquisa (exploratória, conclusiva, descritiva ou explicativa).

– *Metodologia:* mostrar que método e que técnica foram usados na coleta de dados: levantamentos bibliográficos ou documentais, estatísticas publicadas, entrevistas com entendidos, entrevistas focalizadas em grupo, observação sistêmica e assistêmica, entrevistas pessoais ou por telefone, questionários distribuídos pessoalmente ou pelo correio, levantamentos de campo, estudos de campo, estudos em laboratório e estudos de casos.

– *População* de pesquisa, o tamanho da amostra e o processo de amostragem.

– *Testes* aplicados para que se possa ganhar mais credibilidade diante do público apresentado.

3.2. O estilo do texto

Deve-se apresentar um estilo de caráter impessoal e evitar colocações na primeira pessoa:

– *Clareza e precisão:* é necessário evitar termos com sentidos dúbios que não definam claramente o que se deseja afirmar. Em relatórios, evita-se usar vocabulário corrente, comum, pois não é adaptado à vida científica; recomenda-se o uso de vocabulário técnico ou específico.

– *Simplicidade e concisão:* ser breve sem ser obscuro, evitando períodos longos.

3.3. Aspectos gráficos

Os gráficos falam por si e não exigem grandes conhecimentos estatísticos para compreendê-los. São indispensáveis por apresentarem de uma forma geral o assunto, porém é sempre interessante que os gráficos ou tabelas venham acompanhados de relatórios dissertativos.

Em geral, os gráficos são mais usados em pesquisas econômicas; dentre os encontrados, temos: gráfico em curvas, gráfico semilogarítimos e logaritmos, histogramas e polígono de frequência, gráficos em barras ou em colunas, gráficos de setores, gráficos polares, pirâmide de idades, cartogramas e gráficos pictóricos. Em geral, os dados numéricos são apresentados em tabelas; dados qualitativos em quadros e os dados numéricos e qualitativos em gráfico. É essencial incluir a fonte da pesquisa.

Vale ressaltar que, dependendo de sua finalidade, cada um possui sua especificidade e tem maior aplicação na área pretendida. Quanto maior a simplicidade do gráfico ou tabela, maior a capacidade de absorção.

Há algumas formalidades que precisam ser observadas no tocante à entrega dos resultados. Nunca é demais repetir como apresentar graficamente um trabalho, um relatório ou o resultado final de uma pesquisa, ou de um trabalho científico. É comum apresentar dois relatórios, um completo e um sintético e, posteriormente, fazer uma apresentação oral.

De acordo com Mattar (1996, p. 71):

> O relatório completo deverá conter apresentação da pesquisa – problema, objetivos, questões de pesquisa –, principais aspectos metodológicos e operacionais, resultado da pesquisa – apresentação através de tabelas, quadros, figuras e comentários e suas principais conclusões e recomendações. Enquanto o relatório sintético, também chamado de gerencial, deverá conter apenas as principais tabelas e gráficos e as principais conclusões e recomendações.

Nem sempre os relatórios completos ou sintéticos são suficientes para esclarecer pontos mais cruciais e que requerem um aprofundamento científico. De posse dos relatórios, em geral seria prematuro propor qualquer mudança a partir das informações recebidas devido à sua complexidade.

É fundamental que o pesquisador posteriormente comunique os resultados através de uma apresentação oral, apoiado por material visual, e esclareça qualquer dúvida existente. É um momento oportuno e proveitoso, desde que os interessados tenham tido contato antecipadamente com os relatórios.

3.4. A ética do pesquisador

O pesquisador convive, muitas vezes, com o dilema de apresentar ou não os resultados da pesquisa, pois nem sempre os resultados encontrados são os mais desejáveis. A responsabilidade e a ética profissional devem estar acima de qualquer coisa.

A credibilidade do pesquisador dependerá não dos possíveis resultados de caráter simpático que o tornem popular, mas da assertividade e da coerência dos resultados e das sugestões propostas que resolverão os problemas.

CAPÍTULO XII

Relatório de Pesquisa

Relatório de pesquisa é um documento em que serão levantadas todas as informações que digam respeito às atividades desenvolvidas numa pesquisa.

Contém as informações necessárias à elaboração do documento final da pesquisa, dissecadas com o intuito de fornecer ao leitor uma gama de dados e informações que tanto serve para uma introdução como um referencial teórico e sobretudo para uma análise e interpretação do resultado.

De nada valerá o esforço de realizar qualquer tipo de pesquisa, se não houver um relatório consubstanciado, revelando todos os dados e fatos observados desde o processo de investigação, finalizando com as conclusões a que se chegou, através das quais haverá a formação de ponto de vista. Todo o processo decisório poderá ficar comprometido por falta de informações de um relatório. Por isso, há três tipos de técnicas importantes em pesquisa: questionário, entrevista e *relatório*.

A falta de um relatório bem elaborado poderá trazer prejuízos para a comunidade científica, por não ter as conclusões da pesquisa para ampliar o acervo de seu conhecimento científico.

Apresentamos aqui o fundamento científico de um *relatório de pesquisa*, trabalhando conceituação, entendimento, importância e aplicações, tudo sob a ótica de vários autores especializados no tema.

Ver-se-ão as diversas metodologias adotadas para se elaborar um relatório de pesquisa, imprescindível à existência dos dados coletados e das apreciações feitas. É essencial para ter uma consciência crítica a respeito do tema-objeto da análise ou de pesquisa.

Conclui-se, pela relevância do relatório como documento final, que, sem o mesmo, não haverá possibilidade da divulgação da realização de um trabalho científico, seja monografia, dissertação, tese ou mesmo livro.

1. O que é um relatório

O Novo Dicionário Aurélio (1986, p. 1479), quando trata do verbete relatório, estabelece que é uma "narração ou descrição verbal ou escrita, ordenada e mais ou menos minuciosa, daquilo que se viu, ouviu ou observou".

Richardson (1999, p. 298) afirma, sem maiores rodeios, que o relatório é a "última etapa do processo de pesquisa, marcando portanto a sua conclusão".

O professor Tarciso Leite (2000, p. 65), autor de diversos trabalhos sobre o tema, ensina-nos que o relatório é:

> a exposição geral da pesquisa, desde o planejamento às conclusões, incluindo os processos metodológicos empregados, assim uma síntese das conclusões, recomendações, sugestões, tendo por finalidade dar informações detalhadas sobre os resultados finais da pesquisa, para que eles possam alcançar sua relevância (LEITE, 2000).

Vergara (1997, p. 68) afirma que "é o relato do que desencadeou a pesquisa, na forma pela qual ela foi idealizada, dos resultados obtidos, das conclusões a que se chegou e das recomendações e sugestões que o pesquisador faz a outros". Pelo que acima se afirma, o relatório de uma pesquisa encerra o caráter final de um trabalho investigativo, partindo do pressuposto da existência de um problema a ser estudado, mostrando o objetivo a que se propunha a pesquisa, o seu tipo, a metodologia de coleta ou obtenção das informações, os dados obtidos e as conclusões a que se chegou.

Dependendo do seu objetivo, a pesquisa pode ser encomendada, ou seja, feita por solicitação de alguém desejoso de conhecer ou elucidar um problema pontual.

Um exemplo seria uma pesquisa mercadológica para verificar a situação de um produto qualquer.

Nesse caso, a gerência da empresa que encomendou a pesquisa, com base no relatório final, terá elementos para decidir sobre o que fazer com aquela situação específica. Uma outra situação poderá ser uma decorrência de alguma necessidade acadêmica, em que o pesquisador interessado em desenvolver algum tipo de estudo define um estudo a realizar e, para encerrar o trabalho, elabora o relatório final.

Muitas serão as oportunidades e situações em que o uso do relatório deverá ser recomendado, até porque o mesmo é o fecho de todo trabalho de pesquisa.

Diversos serão os cuidados a ser tomados por ocasião da sua concepção (leia-se estruturação) e, por conseguinte, da sua elaboração.

Os consagrados autores de pesquisa mercadológica, Boyd & Westfall (1964, p. 477), assinalam que o sucesso ou o fracasso de uma pesquisa está na dependência do projeto e na maneira pela qual as informações coletadas e trabalhadas serão apresentadas. Os autores advertem ainda quanto à visão que se deve ter do documento, no tocante à redação dos textos, pois a visão de um pesquisador é diferente da de um executivo de empresa, mas este será o leitor em última instância e, por consequência, o comprador da informação.

Outro aspecto a ser considerado e que Richardson (1999, p. 296) pontua como um necessidade relevante é o fato de que o pesquisador deve possuir capacidade técnica para redigir o relatório final da pesquisa. É de conhecimento geral que um documento mal redigido, mal estruturado, sem que as ideias estejam bem concatenadas, clarificadas, sem um raciocínio bem desenvolvido e lógico, dificilmente conseguirá expressar, com exatidão, o real significado das afirmações decorrentes das informações e dados levantados. A correta interpretação dependerá do uso correto do idioma, da criatividade na construção das frases e períodos, para que se firme juízo e aconteça o convencimento mediante a absorção das ideias propostas.

Muitas são as recomendações para que o meio termo seja observado, ou seja, nem uma linguagem excessivamente telegráfica, nem rebuscada, pois se a primeira pecar por falta, isto é, baixa argumentação, a outra, com certeza, pecará por excesso, tornando o relatório enfadonho, uma verdadeira peça jurídica. Um elemento que em muito ajudará o redator é o conhecimento do nível de escolaridade do público a que se destina o relatório, se acadêmico, de executivos, do público em geral etc.

Pode-se concluir que a redação do documento final, isto é, do relatório, dependerá do tipo de pesquisa realizada e do público a que se destina. O redator deverá ter capacidade de estabelecer uma forma de comunicação adequada a cada situação, para que o relatório possa bem cumprir com a sua finalidade, ou seja, relatar de forma eficaz as conclusões a que se chegou em decorrência do trabalho realizado.

2. Como se elabora o relatório final de uma pesquisa

Há diversas metodologias para a elaboração do documento final da pesquisa. Vergara (1997, p. 68) propõe o seguinte roteiro para elaboração do relatório final da pesquisa, com oito itens:

– Introdução.
– Definição do problema objeto da investigação.
– Metodologia empregada.
– Referencial teórico.
– Resultados.
– Conclusões e sugestões para uma nova agenda de pesquisa.
– Referências bibliográficas.
– Anexos.

Richardson (1999, p. 306) estabelece a seguinte maneira de desenvolver o trabalho:

– Introdução (colocação e discussão do problema com descrição e análise dos métodos e técnicas empregados).
– Desenvolvimento com apresentação e comentários sobre os resultados obtidos.
– Conclusões.

O professor assinala, ainda, que: "dependendo da extensão do relatório, e sempre em benefício da clareza e da criação de melhores condições para a leitura, as partes acima podem vir divididas em capítulos, itens, seções, de forma a permitir ao leitor identificar partes do relatório que lhe chamaram mais atenção e/ou despertaram mais interesse".

Por sua vez, os autores Boyd & Westfall (1964), na sua consagrada obra sobre pesquisa mercadológica, lembram que pesquisas são prejudicadas pelo fato de o pesquisador não preparar um bom relatório e propõem o seguinte roteiro para elaboração do documento:

– Introdução, incluindo uma declaração sobre os objetivos do estudo e da metodologia usada.

– Apresentação dos resultados.
– Conclusões e recomendações.

Ainda, relativamente aos roteiros a serem seguidos, assinala-se por oportuno o enfoque metodológico do professor Tarciso Leite (200: 72), que estabelece o seguinte procedimento:

a) Apresentação do problema ao qual se destina o assunto.

b) Processos de pesquisa: plano de estudo, método de manipulação da variável independente, natureza da amostra, técnicas de coleta de dados, método de análise estatística.

c) Resultados.

d) Consequências deduzidas dos resultados: conclusões finais.

Diversas são as referências bibliográficas sobre o importante tema, valendo mencionar que os quatro modelos de apresentação de relatório de pesquisa acima trabalhados mostram que as conclusões a que se pretendia chegar ou a que se chegou em decorrência do estudo realizado dependem dos roteiros apresentados ou estão correlacionadas a eles, isto é, quando se está planejando uma pesquisa, já se pensa no relatório final.

A elaboração do documento final da pesquisa depende não somente dos modelos anteriormente apresentados, mas sobretudo do rigor formal necessário que o documento está a merecer, com estabelecimento das margens das páginas, espaçamento das linhas, numeração das páginas, sumário etc. É necessário aplicar as técnicas metodológicas estabelecidas pela Associação Brasileira de Normas Técnicas – ABNT, instrumento legal que regulamenta a questão e permite a validação do documento perante a comunidade científica.

Depois da pesquisa levada a efeito, fundamentalmente pode-se afirmar com as informações levantadas que o relatório se constitui em um elemento ou parte de grande importância para a pesquisa científica, pois é através dele que se toma conhecimento das conclusões a que se chegou com o trabalho realizado.

Mas, em razão da sua imprescindibilidade, deve-se tomar uma série de cuidados para que o documento ou relatório possa bem cumprir sua finalidade ou objetivo. Constatou-se, preliminarmente, que a sua formatação já tem início na elaboração do projeto, pois o que se deseja é a confirmação das hipóteses levantadas. O pesquisador, desde então, passa a arrumar as informações com esse intuito.

Outra constatação diz respeito à linguagem a ser empregada, pois a pesquisa pode ser para o público em geral, mas pode ser dirigida para um público específico. Exemplificando: qual interesse um empresário terá em saber se o relatório da pesquisa obedeceu aos ditames da pesquisa científica ou se todas as recomendações da ABNT foram cumpridas? Ora, os empresários caracterizados pelo pragmatismo darão pouco valor à rigidez científica do documento.

Detalhe importante que se observa nos diversos autores está relacionado à escrita propriamente dita, pois assim como alguns pecam pelo uso inadequado do idioma, com pouca clareza e exatidão, outros pecam por tentarem ser eruditos, quando redigir um relatório não é o mesmo que redigir uma peça literária. Assim, o que se recomenda é que o estilo seja claro, preciso e objetivo, levando em conta, principalmente, o público-alvo que se deseja alcançar, pois o que se espera é a apresentação e a demonstração do que se obteve ao longo da pesquisa, mediante um raciocínio lógico e através da concatenação e articulação das ideias.

CAPÍTULO XIII

Monografia

Com o presente capítulo tem-se um complemento do anterior sobre a monografia, que não deixa de ser um relatório, minucioso e mais completo.

É necessário, agora, aprender como fazer um relatório científico, focando mais na dissertação de um curso *"stricto sensu"*, mestrado ou uma monografia. Viu-se como fazer um projeto de pesquisa e um relatório do resultado dessa pesquisa. A monografia não deixa de ser um relatório, mas com características e objetivos próprios. Procura-se, aqui, complementar o que foi escrito sobre o projeto e o relatório da pesquisa, mostrando as diferenças entre uma monografia e uma dissertação. Esta é uma monografia também, mas com características e objetivos próprios. Enquanto a monografia, quando voltada para fim de graduação ou de pós-graduação *lato sensu* (especialização), não exige muito rigor científico, a dissertação é um trabalho monográfico com mais aprofundamento e de melhor conteúdo científico. É importante a padronização na construção do documento, seja monografia ou dissertação de mestrado, oferecendo modelos específicos de forma, estrutura e de apresentação para a sua elaboração.

Para a tese de doutorado e o trabalho de pós-doutorado, tem mais rigor e conteúdo científicos. Nos dois torna-se imprescindível que o autor ou os autores sustentem ideias e princípios científicos próprios, defendendo-os com base em pesquisas e trabalhos de autores considerados cientistas. Os autores devem apresentar argumentos próprios capazes de convencer os examinadores de que têm base na ciência ou em conhecimentos empíricos sérios, próprios ou colhidos em leituras e pesquisas por eles realizadas.

Tanto a dissertação de mestrado como a tese de doutorado são trabalhos monográficos. Daí a importância de aprender a fazer uma monografia. Para dar suporte prático/teórico à elaboração de trabalhos acadêmicos, recorre-se a inúmeros tipos de relatórios. Há uma enorme variedade entre eles. Os mais utilizados para os cursos de graduação e pós-graduação em geral *(lato sensu* e *stricto sensu)* são as monografias, dissertações e teses. Existem outros trabalhos para esse fim, por exemplo: artigo, crítica, ensaio, estudo, informe científico, informe técnico, investigação, projeto de pesquisa, relatório técnico-científico, resenha, resumos homotópicos ou sinopse e trabalho acadêmico.

1. Conceito

A monografia é um trabalho sobre um só tema. A palavra vem do grego: *monos* e *logos*, significando um só trabalho, podendo ser escrito por uma pessoa ou um grupo, como ocorre nos trabalhos do Prêmio Nobel. É um documento que descreve um estudo minucioso sobre tema relativamente restrito. Muitas vezes solicitado como "trabalho de formatura" ou "trabalho de final de curso".

Vários outros conceitos similares e alguns complementares existem para definir o que é uma monografia. Na definição da ABNT – Associação Brasileira de Normas Técnicas –, monografia é: "Documento que apresenta a descrição exaustiva de determinada matéria, abordando aspectos científicos, históricos, técnicos, econômicos, artísticos...".

Outros autores apresentam conceitos de monografia, coletados através de uma pesquisa sobre a caracterização dos escritos científicos feita por Salvador (1977, p. 42):

"A monografia é um estudo científico de uma questão bem determinada e limitada, realizado com profundidade e de forma exaustiva" (Rafael Farina).

Para Décio Vieira Salomon, o trabalho monográfico "é o tratamento escrito de um tema específico que resulta de investigação científica com o escopo de apresentar uma contribuição relevante ou original e pessoal à ciência" (Salomon, 1998, p. 26).

A *American Library Association* define-a como "um trabalho sistemático e completo sobre um assunto particular, usualmente pormenorizado no tratamento, mas não extenso no alcance".

"A tese de doutoramento e a dissertação de mestrado, no contexto da vida acadêmica, e os trabalhos resultantes de pesquisas rigorosas são exemplos de monografias científicas" (Severino, 2001, p. 43).

2. Conteúdo

A monografia significa trabalho sobre um único assunto ou problema, sob tratamento metodológico de investigação. É um estudo sobre tema delimitado.

Analisando os diversos conceitos, verifica-se que a monografia apresenta as seguintes características:

– tema específico de uma ciência ou parte dela;
– estudo detalhado e exaustivo, abordando vários aspectos;
– metodologia científica;
– trabalho escrito, sistemático e completo;
– contribuição individual importante para a ciência.

Para compreender o conteúdo da monografia, faz-se necessário aprender o que é e o que não é uma monografia. Segundo Barquero (1979 16-25):

a) *Não é monografia:*
– repetir o que já foi dito por outro, sem se apresentar nada de novo em relação ao enfoque, ao desenvolvimento ou às conclusões;
– responder a uma espécie de questionário;
– manifestar meras opiniões pessoais, sem fundamentá-las com dados comprobatórios, logicamente correlacionados e embasados em raciocínio;
– expor ideias demasiado abstratas;
– manifestar uma erudição livresca, citando frases irrelevantes, não pertinentes e mal-assimiladas.

b) *É monografia* o trabalho que:
– observa e acumula observações;
– organiza essas informações e observações;
– procura as relações e regularidades que podem haver entre elas;
– indaga sobre os seus porquês;
– utiliza de forma inteligente as leituras e experiências para comprovação;
– comunica aos demais os seus resultados.

c) Sobre as afirmações científicas da monografia, diz-se que:
– expressam uma descoberta verdadeira;
– apresentam provas;
– pretendem ser objetivas;
– possuem uma formulação geral;
– são, geralmente, sistemáticas;
– expõem interpretações e relações.

Pelo exposto, a monografia apresenta-se como um instrumento bastante abrangente para todo tipo de trabalho científico.

Quanto à dissertação, segundo Martins (1994, p. 18), é um documento que descreve um trabalho de pesquisa que demonstre sólidos conhecimentos sobre a área de estudos a que se dedica. Geralmente é defendido perante uma comissão para obtenção do título de mestre.

Verificando-se o conceito de Martins e os conceitos sobre monografia, conclui-se que a dissertação de mestrado constitui trabalho científico monográfico ou tipo de monografia. No entanto, comumente, caracteriza-se monografia para cursos de especialização ou de graduação, dissertação para cursos de mestrado e tese para curso de doutorado.

3. A Metodologia nos relatórios e nas monografias

A elaboração e a apresentação de trabalhos técnico-científicos depende de cada tipo de documento, não existindo um modelo único para todos. No entanto encontram-se poucas diferenças entre um ou outro tipo, procurando manter-se uma coerência na estrutura do trabalho.

Para a boa utilização dos resultados de um trabalho acadêmico, a fim de que ele possa trazer algum resultado para a sociedade, necessita--se, além de toda pesquisa e de todo o empenho do elaborador, do uso adequado de metodologia: dos métodos e técnicas de pesquisa científica. Sem isso, seria apenas um amontoado de folhas em uma biblioteca universitária. Segundo Tarciso Leite (2000, p. 23), *"com relação ao conteúdo de Métodos e técnicas de pesquisa, deve-se voltar mais para o ensino teórico e prático da Pesquisa, sua tipologia e o seu uso profissional. Deve-se ensinar os métodos e as técnicas de elaboração e execução do projeto de pesquisas, variáveis, hipóteses..."* (grifo nosso). Assim, verifica-se a atenção para a padronização dos métodos de desenvolvimento dos trabalhos, inclusive para a elaboração do documento, para que não se encontre em cada dissertação ou tese uma verdadeira "torre de babel", trazendo dificuldades para o seu entendimento por parte dos interessados em sua aplicação.

São imprescindíveis algumas exigências metodológicas na construção de uma dissertação, de uma tese ou de uma simples monografia.

4. Estrutura das monografias como trabalhos técnico-científicos

A estrutura das monografias e trabalhos acadêmicos é composta de elementos obrigatórios e elementos opcionais, de acordo com as exigências inerentes a cada tema desenvolvido.

O plano de redação deve obedecer a uma estrutura com três grandes partes: conteúdos preliminares ou pré-texto, texto e pós-texto, as três grandes divisões da monografia.

Vejamo-las.

4.1. Elementos preliminares do pré-texto

a) Capa: proteção externa do trabalho, sobre a qual se imprimem as informações indispensáveis à sua identificação:
– Nome da universidade.
– Nome do autor: aluno.
– Nome da monografia: título do trabalho.
– Local e ano.

b) Página de especificação, página de rosto: folha que apresenta os elementos essenciais à identificação do trabalho:
– Nome do autor (aluno).
– Nome da monografia (título e subtítulo do trabalho).
– Identificação do motivo da apresentação do monografia.
– Nome do orientador.
– Local e ano.

c) Página de avaliação: é a segunda folha de rosto e contém os nomes dos componentes da banca examinadora.

d) Páginas com ficha catalográfica e com o resumo e *abstract* da monografia:
Trata-se da apresentação concisa dos pontos relevantes de um texto. O resumo deve ser composto por uma sequência corrente de frases concisas e não por uma enumeração de tópicos.

e) Dedicatória: geralmente para entes queridos (pai, mãe, esposa, filhos). Normalmente possui de três a quatro linhas, situadas no canto inferior direito.

f) Agradecimentos: geralmente para familiares, orientador, colegas, universidade, empresas e a todos que de uma forma contribuíram. Recomenda-se restringi-los ao absolutamente necessário. Página opcional.

g) *Abstract:* é o resumo, traduzido para a língua inglesa. Ambos devem ter de quinze a vinte linhas. Consiste em dar um caráter universal ao trabalho.
O trabalho monográfico deve dar preferência à impessoalidade, ao uso da terceira pessoa do singular e raramente à terceira pessoa do plural. Deve discorrer sobre o tema, os objetivos principais, o processo metodológico e os resultados alcançados.

h) Sumário: enumeração das principais seções do trabalho, na ordem em que se sucedem (capítulos e suas subdivisões), seguidas da respectiva paginação. Devem ser empregados, no máximo, cinco seções e seis algarismos.

i) Listas de ilustrações: itens opcionais, que relacionam elementos selecionados do texto na ordem de ocorrência, com a respectiva indicação de páginas. Aconselha-se separar:
– Listas de tabelas.
– Listas de figuras.
– Listas de símbolos.
– Lista de abreviaturas ou siglas.

4.2. Corpo da monografia ou o texto

a) O objeto:
– Introdução ou tema: é a apresentação do assunto a ser tratado por meio de uma definição objetiva e finalidade da pesquisa. Inicia-se como uma contextualização, descrição dos termos, incluindo também o tema, o problema e a justificativa do projeto.
– Objetivos: é o alvo que se pretende atingir, trata-se de proposta que se faz com relação à análise e à pesquisa de um determinado fenômeno.
– Hipóteses ou pressupostos adotados: esse item pode fazer parte do capítulo de Metodologia de Pesquisa – definições de termos.

b) Metodologia de Pesquisa: normalmente constitui o capítulo dois ou três do trabalho científico, no qual se deve justificar e descrever:
– O local onde se realizou a pesquisa; a natureza e o tipo da pesquisa executada para obtenção das informações e dos dados analisados.
– Hipóteses e variáveis de estudo.
– População e amostra; métodos e técnicas e outros procedimentos utilizados.
– Período de pesquisa; tipos e fontes de informação.
– Técnicas de análise e de sistemas utilizados e outros.

c) Referencial teórico: capítulo teórico com fundamento científico, autores e ideias que serviram como guias da pesquisa.

d) Pesquisa de campo: deve conter a descrição do ambiente de pesquisa e equipe que trabalhou: local, apoio econômico, científico e técnico.

e) Resultado: último capítulo com análise e interpretação dos dados e informações; tabulação e análise da pesquisa: das tabelas, figuras, gráfico e do conteúdo geral.
– Conclusão, apresentação sucinta do resultado; descreve o alcance dos objetivos e das hipóteses.
– Observações pessoais, limitações e recomendações.

Tudo na monografia deve ser escrito e apresentado de maneira lógica, clara e concisa. Deve-se reafirmar de modo sintético a ideia principal e os pormenores importantes, com as sugestões pessoais.

4.3. Elementos pós-liminares do pós-texto

a) Bibliografia (referências bibliográficas): devem constar dessa lista os livros e trabalhos consultados e mencionados ou não no texto. Outras publicações – documentos oficiais – mencionadas ou não, no texto, devem ser relacionadas após as referências bibliográficas sob o título de anexos.

b) Anexos: são partes extensivas ao texto, suportes elucidativos para a compreensão do trabalho. Destacados do corpo central, para evitar descontinuidade na sequência lógica das seções. Se o trabalho possuir questionários, eles devem constar nessa parte. Assegurar-se de que as questões do questionário têm base nos capítulos teóricos e servirão de apoio para atingir os objetivos e validar as hipóteses. Os anexos devem ser identificados através de letras maiúsculas, assim:
– Anexo A: Modelo de...
– Anexo B: Lei sobre...
– Anexo C: Tabela sobre a progressão...

c) Apêndices: são suportes elucidativos, mas não essenciais à compreensão do texto, escritos pelo autor da monografia. Possuem o mesmo papel das notas explicativas de rodapé.
Recomenda-se, no corpo da monografia, que a numeração das páginas venha no canto superior direito, uma vez que facilita a visualização. Os capítulos devem começar no início de página.

d) Índices remissivo, onomástico e glossário: se houver necessidade.

4.4. Apresentação gráfica

Na apresentação física da monografia, devem ser observados criteriosamente: tipo de papel, digitação, margem, espaçamento e paginação.

A monografia, assim como a dissertação ou a tese, deve ser elaborada em aplicativos de edição de texto para microcomputador, tipo Microsoft Word ou Windows. Fora os anexos, o trabalho deverá ter em torno de, mais ou menos, 50 páginas, se for monografia de fim de curso de graduação; de 150 a 200 páginas, se dissertação de mestrado. Umas 300 páginas, se for tese de doutorado. O tamanho desses trabalhos depende da exigência dos cursos e de suas normas. Podem ser utilizadas folhas intercaladas para separar capítulo, mas que não devem conter a numeração de páginas, apesar de serem inclusas na contagem.

Para a construção de um trabalho monográfico, utiliza-se o gabarito abaixo:

– Papel e letra:

Tipo de papel	A4
Fonte da letra	Times New Roman ou Arial
Tamanho da letra do texto	12
Tamanho da letra de citação longa	10
Tamanho da letra da nota de rodapé	10
Palavras com conotação "forçada"	Utilizam-se aspas
Palavras estrangeiras	Utiliza-se itálico

– Paginação:

Antes dos capítulos da dissertação	Letra romana e minúscula: superior direito
Normal dos capítulos em diante	Número arábico: superior direito com a numeração arábica no lugar da romana

– Espaços:

Entrelinhas	1,5 ou 2
Nas notas de rodapé	1
Entre parágrafos	3 espaços
Entre o texto e ilustrações	3 espaços
Entre o texto e citações longas	3 espaços
Do início do texto após um título	3 espaços
Do início do texto sem título	Zero
Entre título e capítulo	3 espaços

– Margens:

Esquerda	3 cm
Direita	2 cm
Superior	3 cm
Inferior	2 cm
Início do parágrafo	1 cm
Citação longa	4 cm (3 cm a mais da margem de início do parágrafo)

Quando há um *roteiro* elaborado para produzir-se algo, o caminho fica mais fácil. Para uma boa dissertação de mestrado, que normalmente leva em média de 18 a 24 meses para ser construída, a disciplina de Metodologia Científica é o alicerce sólido e fundamental para atingir o objetivo maior da obtenção do Título de Mestre e a contribuição para a comunidade científica. E se a aplicação desse trabalho se reverter em resultados para a humanidade, cobrirá de glória uma boa e bem elaborada dissertação.

Para essa boa dissertação, o presente livro evidencia a necessidade de Metodologia Científica para sua elaboração, sugerindo o esboço de uma estrutura de trabalho, separando em elementos preliminares, corpo da dissertação e elementos pós-liminares.

Conclui-se que, particularmente para o autor, a familiaridade adquirida com a forma de construir uma dissertação, após este trabalho, constitui-se de grande valia para a sua dissertação propriamente dita.

O capítulo seguinte é um forte complemento deste, escrito sobre monografia.

CAPÍTULO XIV

Tipologia e Estrutura do Trabalho Científico

Escrever um trabalho científico parece, à primeira vista, muito fácil, e, convictos disso, os neófitos da pesquisa científica às vezes se prejudicam e deixam para a última hora as correções estruturais de sua tese (PhD), dissertação (Ms) ou monografia de graduação ou de pós (*lato sensu*).

Sucintamente, será mostrada a estrutura "organizacional" de um trabalho científico, seja de que tipo for, monográfico, de dissertação ou de teses e até de livros de cunho didático. Claro que cada tipo de trabalho científico tem suas pequenas especificações complementares, mas em geral segue o exposto neste capítulo. O que se escreveu foi consequência de mais de 20 anos de ensino das disciplinas Metodologia Científica, Métodos e Técnicas de Pesquisa, da leitura de muitos livros sobre o tema, dos ensinamentos da ABNT (Associação Brasileira de Normas Técnicas) e da experiência internacional: Mestrado na Universidade Católica de Louvain (Bélgica), Doutorado em Paris (França) e Pós-PhD em Montreal (Canadá) e oito livros publicados.

O bom e certo é que todo trabalho acadêmico, científico ou não, ao ser elaborado ou executado, deve ser precedido de um anteprojeto ou de um projeto.

São quinze os principais tipos de documentos acadêmicos apresentados e descritos abaixo, em ordem alfabética:

– **Artigo (para periódico):** texto com apresentação e discussão de ideias, métodos, técnicas, processos e resultados em várias áreas do conhecimento, com autoria expressa, destinado a ser publicado em revista comum, jornal...

– **Artigo científico:** texto que aborda tema ou assunto resultante de pesquisas científicas, publicado em revista científica, com julgamento de um corpo editorial.

– **Crítica:** texto ou documento que aprecia o mérito e a excelência de uma obra artística, científica, literária...

– **Dissertação:** trabalho ou documento escrito como resultado de uma pesquisa ou estudo científico recapitulativo, bem delimitado, com tema único, reunindo, analisando e interpretando dados e informações. Apresenta uma literatura específica e uma capacidade de sistematização do autor. É elaborado sob orientação de um pesquisador, orientador, para a obtenção do título de Mestre.

– **Ensaio:** relatório de estudo sobre um assunto determinado, sem muito fundamento científico, menor que um tratado formal, em que o autor expõe opiniões e ideias sem base em pesquisa empírica.

– **Livros e folhetos:** publicações avulsas sobre amplos assuntos, formando um conjunto sequenciado de folhas impressas e com capas específicas. O folheto é menor que o livro, podendo ter cinco páginas, no mínimo, e 48, no máximo. O livro pode ter um número bem variado de páginas. São publicados por editoras, gráficas, repartições... Geralmente os livros vêm com fichas catalográficas.

– **Monografia:** trabalho ou documento escrito sobre um único tema, restrito e minucioso. É solicitado sobretudo como trabalho de conclusão de curso de graduação ou de pós-graduação ***lato sensu...***

– ***Paper:*** artigo científico pouco extenso, contendo texto sobre determinado tema ou resultado de um projeto de pesquisa para comunicação em reuniões, encontros científicos, congressos, cuja aceitação depende de um julgamento.

– **Projeto de pesquisa:** documento ou trabalho acadêmico, descrevendo tema, problema, objetivos, justificativa, metodologia (fases e procedimentos: métodos e técnicas), cronograma e orçamento de um pequeno plano de investigação científica.

– **Publicações periódicas:** são trabalhos editados por tempo indeterminado com intervalos prefixados, por diversos autores sob coordenação e responsabilidade de um editor ou comissão editorial. Os assuntos podem ser variados, antecipadamente definidos.

– **Relatório técnico-científico:** trabalho que trata de resultados formais ou avanços obtidos em pesquisas e desenvolvimento, descrevendo a situação clara e objetiva de uma questão técnica ou científica.

– **Resenha:** documento em forma de comunicação ou relato formal do resultado da avaliação sobre nova publicação acadêmica, seja livro ou revista. Tratando-se de análise de um processo, de uma avaliação pessoal ou documental, ou de uma investigação, denomina-se *parecer*.

– **Sinopse:** documento ou trabalho que apresenta um artigo, uma obra ou mesmo um livro de forma concisa, resumida.

– **Tese:** trabalho acadêmico resultante de um pesquisa teórica ou experimental – pura ou aplicada – original, sobre tema específico e bem delimitado, contribuindo para uma especialização em questão. Visa a obtenção do título de pós-graduação *stricto sensu, Doutor*, sob orientação de um pesquisador ou livre docente.

– **Trabalho didático:** texto ou trabalho exigido nas universidades, nos cursos de graduação, sobre estudo ou ensino transmitido aos alunos, objetivando a assimilação e a fixação da aprendizagem de uma disciplina ou matéria.

1. O anteprojeto e o projeto de pesquisa ou trabalho científico

Para os trabalhos de pesquisa científica, de ordem técnica, isto é, solicitada por um empresário, geralmente antes do Projeto, escreve-se o Anteprojeto, que se compõe de *tema, objetivos, justificativa, metodologia, cronograma, orçamento e bibliografia*. Para um trabalho acadêmico, sugere-se a elaboração de um Projeto completo, que contém a seguinte itemização: *tema, problema, objetivos, justificativa, hipóteses e variáveis, metodologia, com os subitens: visão geoespacial, natureza da pesquisa, tipologia, universo e amostra, métodos e técnicas, fórmula estatística, cronograma, bibliografia consultada...*

Poderá haver exceção, no caso dos mestrados executivos ou profissionalizantes, em que o "anteprojeto", se bem elaborado, poderá resolver a execução do trabalho. A elaboração do projeto é muito importante e, quando bem elaborado, ele representa 45% do trabalho científico. A introdução deste é tirada da "problematização" ou da contextualização, da justificativa, com os objetivos, variáveis e hipóteses, e com uma síntese da apresentação do conteúdo estrutural do trabalho.

2. O trabalho científico: conteúdo

Todo trabalho científico, se acadêmico, geralmente é monográfico, até mesmo o simples dever acadêmico, de sala de aula do aluno ou aluna da graduação, deve ser dividido em três partes, apresentadas em qualquer compêndio de Metodologia Científica: *pré-texto*: capa, folha de rosto, dedicatória, agradecimento, ilustrações (relação), sumário, resumo, "abstract", até a introdução. Esta última inicia *o texto* ou conteúdo científico propriamente dito, (*corpo ou desenvolvimento,* com sua divisão em capítulos e subdivisões, vem logo após a *introdução,* terminando com a *conclusão*). Logo, as três macropartes do trabalho científico são: pré-texto, texto e pós-texto.

Tanto a introdução como a conclusão devem ser escritas sem subdivisões, isto é, corridas.

A terceira parte é *o pós-texto,* formado pela *bibliografia,* pelos *apêndices, anexos, índices e glossário,* se houver. Todo trabalho científico tem elementos pré-textuais, textuais e pós-textuais.

3. Divisão e enumeração do texto do trabalho

O texto de um trabalho científico, seja acadêmico, técnico ou literário, compõe-se também de três partes: *introdução, corpo,* conhecido também por desenvolvimento, e *conclusão*. Na introdução, o autor deve iniciar com a contextualização e escolha do tema, algum ou alguns conceitos sobre o mesmo, seus objetivos, por que e para que foi escrito; e, no final, sintetizar o seu conteúdo ou fazer sua apresentação.

O desenvolvimento do texto inclui a essência do trabalho, seu conteúdo propriamente dito com todo o seu fundamento científico, escrito de maneira clara, precisa, racional e compreensiva. O autor deve convencer-se de que o valor de seu trabalho está na técnica e no método empregados para escrever essa parte. Vem, em seguida, a conclusão, que remata o conteúdo do trabalho, com revisão sintética do que foi escrito, argumentação de que os objetivos foram alcançados, algumas opiniões, sugestões e recomendações do autor.

A divisão enumerada do trabalho pode ser feita de vários modos, sendo a mais comum a seguinte: capítulo com número ou algarismo romano: cap. I, cap. II, cap. III...

As subdivisões mais comuns são: cap. I: 1, 1.1, 1.2, 1.3...; (1.1: 1.1.1, 1.1.2., 1.1.3...) ou capítulo I, com as mesas subdivisões.

Perguntaram-me, certa vez, no mestrado, se a enumeração com três números (1.1.1) leva um ponto ou não depois do último número: 1.1.1(.?). Não encontrei nenhuma recomendação oficial sobre esse assunto, mas pelo bom senso, se a enumeração tem um só número, deve-se colocar o ponto (.), mas, se é formada por mais de um número, depois do último não deve haver ponto. Essa subdivisão não deve ser muito extensa, chegando a 1.1.4 ou 1.1.5 usa-se, em seguida, nas *pequenas subdivisões das subdivisões*, as letras a, b, c...

A universidade francesa utiliza a seguinte subdivisão: Cap. I... < A, B, C...< 1, 2 , 3 ... e a, b, c....

Não se enumeram a introdução, a conclusão nem a bibliografia. Os apêndices, anexos, índices e glossários têm enumeração própria e independente do trabalho, com letras maiúsculas: A, B, C.

As páginas devem ser enumeradas, a contar da folha de rosto, com algarismos romanos minúsculos embaixo, no centro do pé da folha, continuando, após a folha da introdução, com algarismos arábicos, em cima, à direita da folha. Nas páginas de introdução ou de titulação de capítulos, não se colocam os números: *não se enumeram, mas se contam as folhas.*

4. Capa, folha de rosto e ilustrações

A capa de um trabalho científico varia bastante em sua apresentação gráfica, assim como a folha de rosto, pois dependem das exigências institucionais e dos respectivos professores de Metodologia Científica, de Estatística, dos orientadores do trabalho e do próprio autor.

Exige-se, sobretudo, que elas contenham:

a) *A capa*: nome da instituição ou das instituições; título da obra no meio; nome do autor; local de publicação; sendo optativo o ano de publicação.

b) *A folha de rosto*: instituições; título da obra e subtítulo, se houver; nome do departamento ou entidade responsável pelo curso e pela apresentação do trabalho monográfico: monografia, dissertação ou tese. Há coordenadores de cursos de pós-graduação *stricto sensu* que exigem nome do autor e nome do orientador, a qualificação do trabalho, seu objetivo e o nome da cidade com o ano de publicação.

Quanto à colocação do nome e do título da obra, há instituições que os colocam alternativamente, um antes do outro ou vice-versa.

Tratando-se da *qualificação da obra,* sugere-se colocar, num pequeno quadro, na folha de rosto, no terceiro quarto da página, mais ou menos, o seguinte:

Dissertação (ou *Monografia)* apresentada e defendida
como exigência parcial para obtenção do título de
Especialista (*se for mestrado*: de Mestre), pelo
Mestrado *(ou Curso)* de ....
sob orientação do Prof. Dr. ....

Há outros cursos e instituições que colocam, na folha de rosto, a relação dos examinadores do trabalho. Aconselha-se, em nome da estética, que se faça numa outra folha complementar à folha de rosto, com o nome da instituição que promoveu o curso, o título da obra e a relação bem distinta dos três nomes dos examinadores, assim:

Examinadores:

_____
Prof. Dr. _____ – Orientador – Instituição – Primeiro examinador

_____
Prof. Dr. _____ – Instituição – Segundo examinador

_____
Prof. Dr. _____ – Instituição – Terceiro examinador

A relação das *ilustrações* – quadro, tabela, gráfico e figuras – deve vir logo após o Sumário e separada em ordem de algarismos romanos: I – Quadros; II – Tabelas; III – Gráficos; e IV – Figuras.

Se o trabalho for impresso para ser *livro público*, no verso da folha de rosto deve constar um quadro com: *referência catalográfica* do trabalho, com número de registro, resumo indicativo e palavras-chaves do tema da obra.

5. As margens, citações e referências bibliográficas

As margens nas páginas de um trabalho científico têm dimensões variáveis e até podem ser aceitas "criatividades" específicas, mas, em geral, usam-se, para as monografias e dissertações, as margens seguintes: *superior e esquerda – 3 cm; inferior e direita – 2 cm*. Aconselha-se colocar as citações de mais de dez linhas como nota de rodapé e, em parênteses, a referência bibliográfica.

As *citações,* quando inseridas no texto do trabalho, devem ser transcritas, *ipsis litteris,* com margem à esquerda de quatro centímetros (4 cm), e em letras menores do que as utilizadas no texto. *Para a ABNT, as citações nos textos monográficos e científicos não devem ter mais aspas... Mas, em livros comuns, as citações de autores* podem ser feitas no texto do trabalho e devem ser bastante resumidas, com, no máximo, de cinco a seis linhas, entre aspas, seguidas da referência textual ou em nota de rodapé. *Exemplo:* O professor Tarciso Leite diz que "ou moralizamos o país ou nos desmoralizamos com o país" (Leite, 1999, 24) ou (1).

Vem, em seguida, a *referência bibliográfica* no rodapé ou na relação final da bibliografia, com o nome do autor iniciando-se pelo sobrenome em letras maiúsculas. O título da obra tem de vir destacado com uma das quatro formas: negrito, itálico, letras maiúsculas ou sublinhado, com ponto final. Vem, em seguida, o local onde foi publicada a obra, seguido de dois pontos, com a editora, vírgula, ano e páginas da citação. Se foi referência na bibliografia final, aconselha-se colocar os números de páginas da obra em referência. Na primeira referência de uma obra, consta o que já foi dito, desde o nome do autor, iniciando-se pelo sobrenome em letras maiúsculas, até a página em que foi citado. Na segunda citação da obra, deve constar apenas o nome do autor, iniciado pelo sobrenome em letras maiúsculas, o nome da obra destacada, um "op. cit." *(opere citato)* – obra citada (emprega-se num trabalho para se indicar a obra citada anteriormente) – e a página. Mas se for a referência de uma outra obra na bibliografia final, seu nome deve ser substituído por uma traço.

As *referências* são complicadas e minuciosas, pois são específicas ao tipo de obras ou de fonte de consulta a que se referem. Recomendo a consulta à norma 2063 da ABNT de 2002, Anexo A, em que se encontram até exemplos de tipos de referências na *internet...*

6. Bibliografia

Muitos estudantes fazem confusão entre bibliografia selecionada, bibliografia consultada, referência bibliográfica e *bibliografia* propriamente dita. Esta última bibliografia é o conjunto ou a relação de livros, documentos e outros materiais lidos e consultados pelo autor do trabalho científico. A ABNT – Associação Brasileira de Normas Técnicas –, a partir do ano 2000, denominou-a de *referências bibliográficas*. A bibliografia selecionada é a que o autor retirou, selecionou para ser lida durante a execução do trabalho, para fazer o "fichário", isto é, o arquivo de suas anotações e citações próprias ou dessa bibliografia selecionada, que serve de fundamento à pesquisa bibliográfica... A bibliografia consultada é a mesma *bibliografia*, relação citada no fim do trabalho. Nesta, há pequenas nuanças quando se trata de fazer *referência* a livros, documentos, jornais, revistas, *"mass media" ou meios de comunicação social, internet* etc.

Não se deve esquecer que, ao se relacionar bibliograficamente uma obra, um livro ou um documento, deve-se escrever a continuação no início da linha abaixo. Exemplo:

LEITE, F. Tarciso. *Cidadania, Ética e Estado:* premissa cristã. Fortaleza: UNIFOR, 1999, 180 p.

7. Sumário, apêndice, anexo, índice e glossário

O sumário, que muita gente ainda denomina como conhecimento empírico de *índice, é a exposição com enumeração das páginas, das divisões e subdivisões em títulos e subtítulos do conteúdo do texto.* Sua localização na monografia é logo depois da folha de rosto. Os *apêndices e os anexos* devem vir depois da bibliografia e devem constar também no sumário com sua respectiva enumeração de página.

A diferença que se faz entre apêndice e anexo é que este é de outro autor, enquanto o apêndice é do próprio autor do trabalho científico. Geralmente são pequenos trabalhos, questionários, ilustrações para enriquecer o conteúdo do trabalho. Devem contar na relação do sumário, e sempre referenciados no texto, isto é, indicados numa citação de rodapé ou mesmo citados no texto, com suas páginas.

Há dois tipos principais de índices: o remissivo, ou geral, e o onomástico. O remissivo refere-se a conceitos, definições, teorias ou "coisa" importante abordados no texto, e o onomástico refere-se a autores citados no texto. Os índices devem sempre ser referendados com as respectivas páginas em que se encontram inseridos.

O *glossário é* um pequeno "dicionário" de palavras utilizadas no texto cuja explicação o autor acha importante.

8. Notas de rodapé

Não se pode confundir *nota de rodapé* com citação ou com referência bibliográfica de rodapé. As notas de rodapé devem, como as referências bibliográficas, ser separadas do texto por um traço contínuo ou de meia página. Alguns autores dizem que esse traço deve ter apenas de 3,5 a 5 cm, a partir da margem esquerda da folha. Se o trabalho for feito no computador, ele se encarregará de projetar o traço ideal quando se for inserir uma nota para citação ou referência bibliográfica.

As notas de rodapé devem conter ou indicar fontes bibliográficas, traduções, pequenos textos paralelos relacionados com o assunto, remissão do leitor para outros trabalhos ou obras, alguns comentários e/ou algumas observações importantes.

9. Apresentação gráfica

Repitamos aqui algumas informações já mencionadas sobre a estrutura do trabalho científico que servem também para uma monografia em geral.

No final da escrita da monografia, sua *apresentação gráfica* é importante, daí, sugerir-se que seja bem-feita, que sejam respeitadas as seguintes observações:

– **Preparo:** revisão dos originais por especialista ortográfico ou *linguístico*.
– **Papel:** cor branca e qualidade normal, para que possa ser reproduzido e de fácil leitura. De preferência, tamanho A4.
– **Espaçamento entrelinhas:** de 1,5 cm. Exige-se espaço duplo para as monografias de fim de graduação, cursos de especialização e mestrados.

– **Margem:** as margens modificam-se um pouco para a publicação definitiva do trabalho científico, ficando a *superior com 3 cm, a inferior com 2 cm, a esquerda com 3 cm,* por causa da encadernação, *e a direita com 2 cm.*

– **Digitação:** utiliza-se um só lado do papel e evitam-se as separações silábicas. *Se for monografia para ser defendida, o espaço de entrelinhas deve ser duplo,* com exceção de resumos, notas de rodapé, citações longas, indicações de fontes de tabelas, referências bibliográficas, índices, apêndices, anexos, glossários, assim como sumário, que devem ter espaço simples. Em computador a digitação dos trabalhos é feita preferencialmente em letras de tamanho 12 e de tipos *times new roman* ou *arial,* como visto antes.

– **Enumeração de páginas:** as páginas são enumeradas da folha de rosto à última que contiver algo escrito, excetuando-se as páginas de títulos de capítulos ou qualquer outro título, que são contadas, mas não enumeradas.

Não esquecer que os números arábicos são utilizados apenas a partir da segunda folha da introdução, que são continuação da enumeração em algarismos romanos, na parte superior à direita ou no centro do rodapé de cada página. Os arábicos são colocados em cima na margem esquerda de cada página. *Os números das páginas devem ficar no lado direito do cabeçalho, logo em cima.*

– **Exemplares:** exigem-se, em geral, três exemplares para a defesa da monografia de curso, tendo o original que ficar para a Secretaria da Instituição ou para sua biblioteca, com capa dura.

10. Exigências específicas: artigo científico, monografia, tese e pesquisa de pós-doutorado

Há exigências específicas para certos trabalhos científicos, como as Monografias, as dissertações, as teses de doutorado e as pesquisas de pós-doutorado, de acordo com cada instituição e ensino superior – graduação e de pós-graduação, seja esta *lato sensu* ou *stricto sensu.*

Todos esses trabalhos científicos são monografias, por tratarem de tema só e específico: *monos,* do grego, significa *um* e *graphos,* escrito...

Há pequena diferença ou pequenas características próprias.

• *Monografia:* é o trabalho científico exigido no fim de algumas graduações, a depender da IES – Instituição de Ensino Superior. O capítulo XIII orienta sobre o conteúdo, a forma e a estrutura da monografia.

• *Dissertação:* trata-se de trabalho específico do mestrado, *stricto sensu*, da pós-graduação. É uma monografia e sua estrutura também está descrita no capítulo XIV, sobre a "tipologia e estrutura de um trabalho científico". Aliás, três capítulos, XIII, XIV e XV (Normas da ABNT) complementam-se no ensino da elaboração de qualquer trabalho científico.

• *Tese:* denomina-se *tese* o trabalho original em que o autor defende ideias e teorias científicas próprias, como nos do Prêmio Nobel ou a tese de doutorado.

• *Pesquisa de pós-doutorado:* é a defesa de um projeto e do respectivo resultado, a pesquisa científica. Feita perante um júri especial, é pública, para a obtenção, numa IES, do título de *pós-doutor*.

10.1. Artigo científico para revistas

São trabalhos específicos para as revistas científicas.

Cada revista tem suas normas próprias, na exigência da estrutura e da forma. Geralmente exigem resumos com números de palavras ou de linhas determinados. Determinam, também, o número de folhas ou páginas. Algumas revistas fixam o espaçamento *simples* entrelinhas; outras, em *um e meio.*

O resumo em muitas revistas deixa muito a desejar. Eles deviam ser uma síntese da *Introdução* do Artigo. A *Introdução* deve ser um resumo do trabalho, contendo: contextualização, conceitos iniciais das *variáveis* do tema, os objetivos, as hipóteses ou pressupostos, o conteúdo resumido da metodologia e uma apresentação sintética no seu final (da introdução) dos diversos capítulos do artigo.

O restante do artigo segue o conteúdo de uma trabalho científico e as normas da ABNT: NBR 6021 e NBR 6022 de maio de 2003.

10.2. Dissertação de mestrado

Há mestrados que exigem um *exame de qualificação*, uma espécie de pré-exame final, antes de a monografia ou o trabalho ser publicado em definitivo e ser defendido para análise de seu conteúdo científico, de sua estrutura, da metodologia e de outras correções de forma e de apresentação.

A banca examinadora pode ou não ser a mesma que vai examinar em definitivo a monografia e seu autor. Há doutorados e mestrados que exigem quatro ou mais examinadores para compor a banca de defesa final do trabalho, dissertação ou teses, sempre com um examinador exógeno, de outra instituição ou universidade. Em geral, as instituições não aceitam *xerox* dos exemplares, e sim páginas datilografadas, digitadas ou copiadas em *offset*, computadorizadas.

É aconselhável que o mestrando, o doutorando ou o autor não deixem para a última hora a entrega de seu trabalho, pois os retoques ou correções finais, as exigências de apresentação estrutural e de conteúdo científico devem ser minuciosamente observados, o que exige algum tempo, não tão exíguo, disponível.

Nas páginas seguintes, mostram-se modelos de páginas, denominadas de preliminares ou *pré-textuais*, utilizados pelos mestrandos, para suas monografias dissertativas – Dissertações –, em geral, nos Mestrados da Universidade de Fortaleza – UNIFOR – que, *mutatis mutandis*, com algumas modificações, poderão até servir de base para os trabalhos acadêmicos...

10.3. Modelos da capa e das folhas pré-textuais de um trabalho científico

Em um trabalho científico – monografia, dissertação e tese –, a capa, em geral, tem modelo próprio da IES e é seguida pelas folhas: de rosto, de dedicatória, de agradecimento, de examinadores, de abreviaturas, de ilustrações, da ficha catalográfica, da epígrafe e do sumário, do resumo e do *abstract*.

Seguem os modelos de conteúdo do *pré-texto,* capa e folhas pré-textuais, usáveis em *monografia, dissertação* e *tese*:

FUNDAÇÃO ÉDSON QUEIROZ – FEQ
UNIVERSIDADE DE FORTALEZA – UNIFOR

CENTRO DE CIÊNCIAS ADMINISTRATIVAS - CCA
MESTRADO DE ADMINISTRAÇÃO DE EMPRESAS

Paulo Sérgio Viana Chaves

CLIMA ÉTICO E ECONOMIA
DE COMUNHÃO: ESTUDO DE CASO

Fortaleza
2006

Paulo Sérgio Viana Chaves

CLIMA ÉTICO E ECONOMIA DE COMUNHÃO: ESTUDO DE CASO

Dissertação apresentada ao Curso de Mestrado em Administração de Empresas da Universidade de Fortaleza como requisito parcial para obtenção do título de Mestre em Administração.

Orientador:
Professor F. Tarciso Leite, PhD

Co-orientadora:
Professora Maria das Graças Targino, Dra.

Fortaleza
2006

Paulo Sérgio Viana Chaves

Clima ético e Economia de Comunhão:
estudo de caso

Área de Concentração: Estratégia e Gestão Organizacional
Linha de pesquisa: Controle Gerencial
Projeto: Estudos Organizacionais: Responsabilidade Social, Ética e Participação nas Empresas: estudo de caso

Trabalho defendido em 31 de julho de 2006.

Banca Examinadora:

Professor F. Tarciso LEITE, PhD.
Orientador – UNIFOR

Professora Francisca Ilnar de Sousa, Dra.
Membro – UNIFOR

Professor **Alípio Ramos Veiga Neto, Dr.**
Membro – UNFOR

Professora Maria das Graças TARGINO, Dra.
Coorientadora – Membro UFPI / UESPI

Clima Ético e Economia de Comunhão – EdC:
estudo de caso

[...] devemos lembrar que a *Economia de Comunhão*, EdC, vive na fragilidade e nas contradições da economia e da sociedade de hoje, compartilha suas tentações e esperanças, e não se cansa de recomeçar, a cada dia, com todas as pessoas de boa vontade, a aprender a arte mais difícil, mas a mais importante, da existência humana: a arte de doar-se, dentro e fora dos mercados.

Luigino Bruni

Dedicatória

Dedico a Deus, pelo dom da vida, e que,
por amor, criou o homem e o fez livre.

Ao meu pai, Paulo; à minha mãe, Ana; aos meus irmãos,
P. Ricardo, Hailton, P. Roberto, Hamilton.

Às minhas outras duas mães, Marias; ao meu outro irmão, Gustavo.

À minha avó, Maria; aos meus tios e primos, em especial,
Adelson e Adriana; aos meus sobrinhos P. Hiago, Ana Letícia,
Mariana, Ana Paula, Sarah; à minha esposa e aos meus filhos, desde já
lembrados e esperados, por que não?

A todos os meus inúmeros amigos espalhados pelo mundo,
por darem mais sentido à minha vida.

A todos aqueles que se dedicam à Economia de Comunhão,
pela coragem e audácia de viver um projeto novo, antes de tudo.

Agradecimento

Agradeço ao professor Tarciso Leite a acolhida, atenção e orientação desde os primeiros dias no mestrado.

À professora e amiga Graça Targino, a dedicação e bondade.

À professora Ilnar de Sousa e ao professor Alípio Veiga, a significativa contribuição na diversidade das observações ainda na qualificação.

Aos funcionários da UNIFOR; em especial, Adriana, Socorro e Narciso.

Aos amigos: Dayana, Lia, Alininha, Alonso, André, Alexandrina, Juscelino, P. Rech, Celso, Vílson, Henrique, Creuza, toda ajuda recebida.

A todos os funcionários da Eco-ar – estudo de caso –, em especial à Elisabeth Lima, a acolhida, disponibilidade e atenção dedicada à ajuda.

Ficha Catalográfica

CHAVES, Paulo Sérgio Viana. *Clima ético e Economia de Comunhão: estudo de caso.* 129 f. 2006. Dissertação (Mestrado em Administração). Universidade de Fortaleza – UNIFOR, CMA, Fortaleza, 2006.

Bacharel em Comunicação Social com habilitação em Publicidade e Propaganda pelo Centro de Ensino Unificado de Teresina (CEUT). Professor das disciplinas *Ética e Legislação Publicitária* e *Tópicos Especiais em Propaganda e Publicidade,* no CEUT. Servidor do Tribunal Regional do Trabalho da 22ª Região. Acadêmico de Direito.

Resumo

O comportamento ético de uma empresa de Economia de Comunhão (EdC) caracteriza-se por reverter os lucros gerados pelas empresas em prol das populações de baixa renda e combater as desigualdades sociais. A relevância do estudo da ética justifica-se diante da sua crescente relevância no mundo empresarial e da sua possibilidade de oferecer subsídios sobretudo às empresas de economia solidária, como a EdC – economia de comunhão. O objetivo geral é, pois, analisar o clima ético na Eco-ar, empresa de EdC, situada em São Paulo, SP. Esse objetivo conduz-nos à questão central: até que ponto o clima ético constitui realidade tangível nas empresas de EdC? Para a sua consecução como base teórica, discutem-se a ética empresarial e as estruturas de mensuração do seu grau, a partir do caráter histórico da moral, o que pressupõe a discussão da ética ao longo do tempo. Em termos metodológicos, foram utilizadas pesquisa quali-quantitativa e de campo descritivo com estudo de caso, mediante análise interpretativa de conteúdo e de observação, e a técnica de entrevistas estruturada e não estruturada. Os dados coletados, junto à empresa estudada, permitem inferir, a partir da análise dos indicadores propostos no modelo teórico adotado, que a Eco-ar possui grau de eticidade nitidamente favorável, com a média geral de 5,9. Porém, ao mesmo tempo, surgem indagações a respeito do clima real da utilização da ética empresarial por parte da EdC, porque as informações obtidas mostram quão difícil é mensurar o clima ético das empresas, privilegiando o quantitativo e excluindo possibilidades de detalhamento.

PALAVRAS-CHAVE: Economia de comunhão; Clima ético; Indicadores de clima ético; Eco-ar.

Abstract

This research focuses on the ethical behavior of an enterprise that adheres to the Economy of Communion (EoC). This company has as one of its goals to invest part of its profits towards low income society classes, in order to combat social differences. This work is justified by the growing ethics relevance in the business world and the possibility of offering subsides to EoC itself, entrepreneurs and administration students. The main objective here is to analyze the ethical climate in Eco-ar Company, an economy of communion enterprise located in São Paulo, SP. This objective leads to a main question: to which extent is ethics a reality in EoC companies? In order to achieve the proposed goals, business ethics and ethicity level evaluation procedures are discussed in theory. This discussion is based on the moral historical background, which means that ethics is discussed along historical periods. Business ethics itself, as well as ethical climate, are also studied, with emphasis on ethical criteria dimension and analysis locus. The methodology included quali-quantitative research and field research (descriptive with a case study) through interpretative content analysis and observation, in addition to structured and non-structured interview. The data was collected in São Paulo between April 2006 and June 2006 from 17 of the 18 Eco-ar employees. Based on the analysis of the indicators proposed by the considered theoretical model used to measure the business ethnicity degree, it is inferred that Eco-ar has a satisfactory ethicity level, reaching an average value of 5.9. Some questions regarding the real climate of the business ethics utilization in EoC are pointed out, since the results here shown highlight how difficult it is to measure a company's ethical climate. The current models approach quantitative aspects and exclude procedures that would lead to details of the situation.

KEYWORDS: Economy of Communion, ethical climate; indicators of ethical climate; Eco-ar.

SIGLAS E ABREVIATURAS

a.C.	antes de Cristo
AIDS	acquired immunodeficiency syndrome
AMU	Ação por um Mundo Unido
Anpad	Associação Nacional de Pós-Graduação e Pesquisa em Administração
Cene	Centro de Estudos de Ética nas Organizações
CEPAA	Council on Economic Priorities Accreditation Agency
Conaf	Congresso Nacional de Fundição
Eaesp	Escola de Administração de Empresas de São Paulo
EdC	Economia de Comunhão
Espri	Empreendimentos, serviços e projetos industriais
EUA	Estados Unidos da América
Femaq	Fundição, Engenharia e Máquinas S.A.
FGV	Fundação Getúlio Vargas
Fides	Fundação Instituto de Desenvolvimento Empresarial e Social
mcm	meios de comunicação de massa
ONG	Organização Não Governamental
ONU	Organização das Nações Unidas
PUC-SP	Pontifícia Universidade Católica de São Paulo
PNUD	Programa das Nações Unidas para o Desenvolvimento
TCC	Trabalho de conclusão de curso
Unicap	Universidade Católica de Pernambuco
USP	Universidade de São Paulo
vs.	Versus

ILUSTRAÇÕES p.

TABELAS

Tabela 1	Empresas EdC por setor da economia	70
Tabela 2	Forma jurídica das empresas EdC	71

GRÁFICOS

Gráfico 1	Número de empresas EdC por continente	69
Gráfico 2	Sistemas formais por grau de concordância	97
Gráfico 3	Mensuração por grau de concordância	99
Gráfico 4	Liderança por grau de concordância	101
Gráfico 5	Negociação por grau de concordância	103
Gráfico 6	Expectativas por grau de concordância	105
Gráfico 7	Consistência por grau de concordância	107
Gráfico 8	Chaves para o sucesso por grau de concordância	108
Gráfico 9	Serviço ao cliente por grau de concordância	110
Gráfico 10	Comunicação por grau de concordância	112
Gráfico 11	Influência dos pares por grau de concordância	114
Gráfico 12	Consciência ética por grau de concordância	115
Gráfico 13	Indicadores de clima ético – Eco-ar	120

QUADROS

Quadro 1	Tipos de climas éticos organizacionais	43
Quadro 2	Indicadores e medidas de clima ético	59
Quadro 3	Números de "pobres" que participam da EdC	67
Quadro 4	Evolução do número de empresas que aderiram à EdC	69
Quadro 5	Setores de atividade das empresas EdC	70
Quadro 6	Missão e compromisso da Eco-ar	83
Quadro 7	Indicadores de clima ético das empresas participantes do painel	89
Quadro 8	Perfil geral dos funcionários da Eco-ar	95
Quadro 9	Números de discordâncias por indicador	116
Quadro 10	Indicadores de clima ético – Eco-ar	119

FIGURAS

Figura 1	Fachada – Eco-ar	81
Figura 2	Trabalhadores na linha de produção	93
Figura 3	Detalhe da linha de produção	113

Sumário

Introdução	14
1. Ética e empresas	20
1.1. Caráter histórico da moral	25
1.2. Ética nos períodos históricos	32
1.3. Ética empresarial	34
1.4. Clima ético nas empresas	40
1.5. A dimensão de critério ético	43
1.6. A dimensão do *locus* da análise	45
1.7. O modelo de Navran	48
1.7.1. Indicadores de clima ético	50
2. Economia de comunhão	60
2.1. Economia de Comunhão: percurso histórico	63
2.2. Empresa Fundição, Engenharia e Máquinas S.A.	73
2.3. Eco-ar Indústria e Comércio Ltda.	80
3. Procedimentos metodológicos	84
3.1. Natureza da pesquisa	84
3.2. Universo e amostra	85
3.3. Métodos e técnicas	86
3.4. Outros procedimentos	90
4. Clima ético na empresa Eco-ar	92
4.1. Perfil dos respondentes	92
4.2. Aplicabilidade do modelo de Arruda e Navran na empresa Eco-ar	95
4.3. Compreensão do clima real da ética empresarial por parte da EdC	116
5. Conclusão	118
Referências bibliográficas	122
Apêndice	129

CAPÍTULO XV

As Normas da ABNT
– Associação Brasileira de Normas Técnicas

A Associação Brasileira de Normas Técnicas, conhecida pela sua sigla ABNT, é a instituição brasileira responsável pela normalização técnica no país; fomenta o uso de normas nos campos científico, técnico, industrial, comercial, agrícola, de serviços e de outros correlatos, mantendo-as atualizadas. (Fonte: www.abnt.org.br)

É reconhecida pelo Governo como entidade de *utilidade pública*. Após o estudo de algumas de suas principais normas de documentação, fica clara a necessidade de pesquisa frequente de suas apostilas e normas, a fim da obtenção de textos científicos em conformidade com o padrão, reconhecido nacional e internacionalmente.

Neste livro, procura-se exemplificar algumas das suas normas mais utilizadas, com relação ao trabalho científico.

1. Missão e visão

A ABNT foi fundada em 1940 para fornecer a base necessária ao desenvolvimento tecnológico brasileiro, como entidade privada, sem fins lucrativos, por ser considerada como *Fórum Nacional de Normalização*. Tem missão e visão próprias.

Sua *missão* é harmonizar os interesses da sociedade brasileira, provendo-a de referenciais, através da normalização e atividades afins.

É conceituada com sua *visão* específica como *referencial de excelência da sociedade brasileira* em matéria de normas para apresentação de trabalhos técnico-científicos.

2. Objetivos

Os objetivos essenciais da ABNT são:
a) Fomentar e gerir o processo de Normalização Nacional.
b) Promover a participação efetiva e representar o país nos fóruns regionais e internacionais de normalização.
c) Atuar na área de avaliação de conformidade com reconhecimento nacional e internacional.
d) Buscar e difundir informação nas suas áreas de atuação.
e) Promover e atuar na formação de profissionais nas suas áreas de atuação.
f) Ser reconhecida pela qualidade dos serviços que presta (à sociedade).

3. A normalização e seus fins

Define-se a *normalização* como atividade que estabelece, em relação a problemas existentes ou potenciais, prescrições destinadas à utilização comum e repetitiva com vistas à obtenção do grau ótimo de ordem em um dado contexto.

Como objetivos da *normalização*, temos:

– Economia: redução da crescente variedade de produtos e procedimentos.
– Comunicação: meios mais eficientes na troca de informação entre o fabricante e o cliente, melhorando a confiabilidade das relações comerciais e de serviços.
– Segurança: proteção da vida humana e da saúde;
– Proteção do consumidor: aferição da qualidade dos produtos.
– Eliminação de barreiras técnicas e comerciais: regulamentação dos conflitos sobre produtos e serviços em diferentes países, facilitando, assim, o intercâmbio comercial. Na prática, a *normalização* está presente na fabricação dos produtos, na transferência de tecnologia, na melhoria da qualidade de vida através de normas relativas à saúde, à segurança e à preservação do meio ambiente.

4. Certificação

A certificação, um dos objetivos primordiais da ABNT, é considerada um conjunto de atividades desenvolvidas por um organismo independente da relação comercial, com o objetivo de atestar publicamente, por escrito, que determinado produto, processo ou serviço está em conformidade com os requisitos especificados. Esses requisitos podem ser: nacionais, estrangeiros ou internacionais. As atividades de certificação podem envolver: análise de documentação, auditorias/inspeções na empresa, coleta e ensaios de produtos, no mercado e/ou na fábrica, com o objetivo de avaliar a conformidade e sua manutenção.

Não se pode pensar na certificação como uma ação isolada e pontual, mas sim como um processo que se inicia com a conscientização da necessidade da qualidade para a manutenção da competitividade e consequente permanência no mercado, passando pela utilização de normas técnicas e pela difusão do conceito de qualidade por todos os setores da empresa. A certificação deve abranger seus aspectos operacionais internos e o relacionamento com a sociedade e o ambiente.

Marcas e Certificados de Conformidade da ABNT são indispensáveis na elevação do nível de qualidade dos produtos, serviços e sistemas de gestão. A certificação melhora a imagem da empresa e facilita a decisão de compra para clientes e consumidores.

ABNT como organismo de certificação:

A ABNT é um organismo nacional que oferece credibilidade internacional. Todo o nosso processo de certificação está estruturado em padrões internacionais, de acordo com ISO/IEC Guia 62/1997, e as auditorias são realizadas atendendo às normas ISO 10011 e 14011, garantindo um processo reconhecido e seguro. A ABNT conta ainda com um quadro de técnicos capacitados e treinados para realizar avaliações uniformes, garantindo maior rapidez e confiança nos certificados.

A ABNT é uma entidade privada, independente e sem fins lucrativos, fundada em 1940, que atua na área de certificação, atualizando-se constantemente e desenvolvendo *know-how* próprio. É reconhecida pelo governo brasileiro como Fórum Nacional de Normalização, além de ser um dos fundadores e único representante da ISO *(International Organization for Standardization)* no Brasil. Além disso, é credenciada pelo INMETRO (Instituto Nacional de Metrologia, Normalização e Qualidade Industrial), o qual possui acordo de reconhecimento com os membros do IAF *(International Acreditation Forum)* para certificar Sistemas da Qualidade (ISO 9000) e Sistemas de Gestão Ambiental (ISO 14001) e diversos produtos e serviços.

A ABNT oferece, também, através de acordos com organismos congêneres, certificados aceitos na Europa, Estados Unidos da América e outros países da América do Sul.

5. Normas de documentação

As principais normas de documentação, mais utilizadas nas Universidades e Instituições na elaboração de trabalhos técnico-científicos e respectivas publicações, são:

5.1. NBR 6021 (Maio/2003) – Informação e documentação
– Publicidade periódica científica impressa

Esta norma apresenta e especifica os elementos que constituem a estrutura de organização física de uma publicação periódica científica impressa.

Orienta todo o processo editorial e gráfico da publicação, no sentido de facilitar a sua utilização pelo usuário e pelos diversos segmentos relacionados com o tratamento e a difusão da informação.

5.2. NBR 6022 – Informação e documentação
– Artigo em publicação periódica científica

Esta norma de maio de 2003 estabelece um sistema para a apresentação dos elementos que constituem o artigo em publicações do tipo periódico--científico impresso.

5.3. NBR 6023 – Informação e documentação: referências e elaboração

A NBR 6023 especifica os elementos a serem incluídos em referências.

Fixa a ordem dos elementos das referências e estabelece convenções para transcrição e apresentação da informação originada do documento e/ou outras fontes.

Destina-se a orientar a preparação e compilação de referências de material utilizado para a produção de documentos e para inclusão em bibliografias, resumos, resenhas, recensões e outros.

Não se aplica às descrições usadas em bibliotecas e nem as substitui.

Esta norma contêm:

a) *Elementos da referência:* os elementos da referência são as informações indispensáveis à identificação do documento. São de dois tipos: essenciais e complementares.

– *Elementos essenciais* estão estritamente vinculados ao suporte documental e variam, portanto, conforme o tipo.

– *Elementos complementares* são as informações que, acrescentadas aos elementos essenciais, permitem melhor caracterizar os documentos.

b) *Localização:* a referência pode aparecer no rodapé, no fim de texto ou capítulo, em lista de referências, antecedendo resumos, resenhas e recensões.

c) *Modelos de referências:* incluem: livros, folhetos, trabalhos acadêmico-científicos como monografias, dissertações, teses, manuais, guias, catálogos, memoriais, enciclopédias, dicionários (...), em que há:

– *Elementos essenciais*: autor(es), título, subtítulo (se houver), edição, local, editora, local e data de publicação.

– *Elementos complementares*: indicações de outros tipos de responsabilidades (ilustrador, tradutor, revisor, adaptador, compilador etc.); informações sobre características físicas do suporte material, páginas e/ou volumes, ilustrações, dimensões, série editorial ou coleção, notas e ISBN *(International Standard Book Numbering)*, entre outros.

d) *Autoria*: distingue o *autor pessoal* e o *autor entidade*.

No *autor pessoal* indica(m)-se o(s) autor(es) pelo último sobrenome, em maiúsculas, seguido do(s) prenome(s) e outros sobrenomes, abreviado(s) ou não. Os nomes devem ser separados por ponto e vírgula, seguido de espaço.

Ex. ALVES, Roque de Brito. **Ciência criminal.** Rio de Janeiro: Forense, 1995.

No *autor entidade* estão as obras de responsabilidade de entidade (órgãos governamentais, empresas, associações, congressos, seminários etc.); têm entrada pelo seu próprio nome, por extenso.

Ex. ASSOCIAÇÃO BRASILEIRA DE NORMAS TÉCNICAS. **NBR 10520:** Apresentação de citações em documentos: procedimento. Rio de Janeiro. 1988.

e) *Título e subtítulo:* o título e o subtítulo devem ser reproduzidos tal como figuram no documento, separados por dois pontos.
Ex. PASTRO, C. **Arte sacra:** espaço sagrado hoje. São Paulo: Loyola, 1993, 343 p.

f) *Edição:* quando houver uma indicação de edição, esta deve ser transcrita, utilizando-se abreviaturas dos numerais ordinais e da palavra "edição", ambas na forma adotada na língua do documento.
Ex: PEDROSA, I. **Da cor à cor inexistente.** 6ª ed. Rio de Janeiro: L Cristiano, 1995, 219 p.

g) *Local*: o nome do local (cidade) de publicação deve ser indicado tal como figura o documento.
Ex.: ZANI, R. **Beleza, saúde e bem-estar.** São Paulo: Saraiva, 1995, 173 p.

h) *Editora:* o nome da editora deve ser indicado tal como figura no documento, abreviando-se os prenomes e suprimindo-se palavras que designam a natureza jurídica ou comercial, desde que sejam dispensáveis pela identificação.
Ex: LIMA, M. **Tem encontro com Deus**: teologia para leigos. Rio de Janeiro: J. Olympio, 1985.

i) *Data:* a data de publicação deve ser indicada em algarismos arábicos.
Ex. LEITE. C.B. **O século do desempenho.** São Paulo: Ltr, 1994, 160 p.

5.4. NBR 6024 – Numeração progressiva das seções de um documento – Procedimento

O objetivo desta norma é fixar as condições exigíveis para um sistema de numeração progressiva das divisões e subdivisões do texto de um documento. Esta norma se aplica a todos documentos, com exceção dos que possuem sistematização própria, como dicionários, vocabulários etc., ou que não necessitem de sistematização, como romances, poesias.
Apresenta as definições de:
• Seções: partes em que se divide um texto de um documento contendo as matérias consideradas afins na exposição ordenada do assunto. As principais

divisões do texto se chamam de seções primárias (são denominadas "capítulos"). As seções primárias se dividem em seções secundárias. As secundárias se dividem em terciárias e assim por diante.

• Indicativo de uma seção: é um número ou grupo numérico anteposto a cada seção e que permite sua localização imediata.

5.5. NBR 6027 – Sumário

Esta norma tem por objetivo fixar condições exigíveis para a estrutura, localização e aspecto tipográfico do sumário.

Seu campo de aplicação são os periódicos seriados, livros, folhetos e outros documentos que exijam visão de conjunto e da localização dos assuntos tratados.

Apresenta as definições fundamentais de:

• *Sumário:* enumeração das principais divisões, seções e outras partes de um documento na mesma ordem em que a matéria nele se sucede. Não deve ser confundido com índice nem com lista.

• *Índice*: enumeração detalhada dos assuntos, nomes de pessoas, nomes geográficos, acontecimentos etc., com a indicação do texto.

• *Lista:* enumeração de elementos selecionados do texto, tais como datas, ilustrações, exemplos, tabelas etc., na ordem de sua ocorrência.

• A *Estrutura* do sumário deve indicar, para cada artigo, divisão, seção etc.:
– o respectivo indicativo, quando houver;
– o nome do autor, quando houver;
– o título e subtítulo, quando houver;
– a paginação sob uma das formas abaixo:

a) Número da primeira página (p. ex.: p. 27);

b) Os números das páginas pelas quais se distribui o texto (p. ex.: p. 27, 35 e 64 ou p. 27-30 e 64-70);

c) os números das páginas extremas (p. ex.: p. 71-143).

Em caso de artigo, trabalho e outros publicados em fascículos diferentes, acrescentam-se aos títulos as palavras: "continua"; "continuação" e "fim".

• *A localização* do sumário deve ser no início do documento:

Em publicações periódicas: na folha de rosto, mesmo quando esta for a própria capa da publicação.

Em documentos de outra natureza: após a folha de rosto, folhas de dedicatórias, agradecimentos e epígrafe.

5.6. NBR 6028 – Resumos

O objetivo desta norma é caracterizar os resumos e estabelecer uma técnica para a sua redação e apresentação. Aplica-se a qualquer tipo de texto.

O *Resumo* é uma apresentação concisa dos pontos relevantes de um texto. Há quatro principais *tipos de resumos*:

a) *Indicativo:* sumário narrativo que exclui dados qualitativos e quantitativos e não dispensa a leitura do texto.

b) *Informativo*: condensação de conteúdo, que expõe finalidades, metodologia, resultados e conclusões, dispensando a leitura do texto.

c) *Indicativo e Informativo*: combinação dos dois anteriores. Dispensa a leitura do texto apenas com relação ao seu aspecto fundamental (tese, conclusão).

d) *Crítico ou de Recensão:* redigido por especialistas – análise interpretativa de um documento (não é o objetivo dessa norma).

O resumo tem a finalidade de:
– Fornecer elementos para decidir sobre a consulta do texto original e transmitir informações de caráter complementar, dispensando consulta ao texto original.
– Selecionar de forma precisa a recuperação de informações contidas em textos.

Quanto à *localização*, o resumo pode ser escrito:

a) precedendo o texto na língua original;
b) após o texto quando em língua de tradução;
c) independentemente do texto, precedido da respectiva referência bibliográfica;
d) em revistas de análise;
e) em seções especiais de periódicos.

O resumo tem redação e estilo próprios: deve ressaltar o objetivo, o método, os resultados e as conclusões do trabalho. A ordem e a extensão dependerão do tipo de resumo e da forma como aparecem no original.

Os métodos e técnicas de abordagem devem ser descritos de forma concisa; convém identificar novas técnicas, o princípio metodológico fundamental e a ordem das operações. Qualquer fato novo ou descoberta deve ser ressaltado.

Devem-se precisar os valores numéricos brutos ou derivados, os resultados de um ou várias observações repetidas e, finalmente, indicar os limites de precisão e graus de validade.

Devem-se descrever as conclusões e as suas relações com os objetivos propostos. Os resultados e as conclusões podem ser reunidos para evitar redundância, mas ressaltando as diferenças entre eles.

Recomenda-se que os resumos tenham as seguintes extensões:

a) notas e comunicações breves devem ter até 100 palavras;
b) monografias e artigos devem ter até 250 palavras;
c) relatórios e teses devem ter até 500 palavras.

O resumo não deve ser composto de uma numeração de tópicos.

A primeira frase deve explicar o tema principal. A seguir, indica-se a informação sobre a categoria do tratamento (memória científica, estudo de casos etc.).

Dar preferência ao uso da terceira pessoa do singular e do verbo na voz ativa.

Deve-se evitar o uso de parágrafos no meio de um resumo, bem como frases negativas, fórmulas, equações, diagramas etc. É importante, quando seu emprego for imprescindível, defini-las na primeira vez que aparecem.

5.7. NBR 6032 – Abreviação de títulos de periódicos e publicações seriadas

Esta norma estabelece a uniformidade para utilização de abreviaturas de títulos de periódicos e publicações seriadas, com finalidade de simplificar as referências constantes de bibliografias, citações e legendas bibliográficas, abrangendo da orientação dos aspectos gerais à apresentação de uma lista de abreviaturas brasileiras.

Segundo esta norma, o método de abreviação consiste em suprir o final das palavras, substituindo-o por um ponto, respeitando as seguintes observações:

a) Em geral, não se abreviam palavras com menos de cinco letras.

b) As abreviaturas por contração ou supressão de letras no meio das palavras (Cia., Dr.) ocorrem excepcionalmente.

c) Em regra geral, os substantivos e adjetivos terminados em "logia", "grafia", "nomia" ou seus derivados, até as letras l, gr, n, iniciais dos sufixos, por exemplo: Revista Brasileira de Geografia – R. Bras. Geogr..

d) Os plurais das palavras somente deverão ser usados em caso de necessidade, acrescentando-se à abreviatura no singular um traço de união e a última letra da forma plural, não utilizando o ponto nesse caso; por exemplo: Revista da Federação das Academias de Letras – R. Fed. Acad-s Letras.

e) Os vocábulos de línguas diferentes que possuam a mesma raiz e o mesmo sentido, preferencialmente, deverão ser abreviados de forma idêntica.

As palavras compostas são abreviadas como se fossem isoladas, unindo-se por um traço de união.

Quanto à abreviação de títulos, a norma determina que, quando eles forem constituídos em uma só palavra, simples ou composta, acompanhada ou não de artigos, não são abreviados.

Em caso de abreviação de títulos com mais de uma palavra, devem ser observadas as seguintes orientações:

a) A ordem das palavras do título deve ser respeitada.

b) A palavra inicial começa sempre com maiúscula.

c) Os substantivos são grafados com letras maiúsculas e os adjetivos com minúsculas, com exceção de entidades públicas e privadas.

d) Todas as palavras do título são abreviadas, suprindo-se os artigos, conjunções, preposições e locuções similares, com exceção de quando não são iniciais e necessárias à compreensão (Ciência e Cultura – Ci. e Cult.), e mantém-se a conjunção entre duas palavras compostas que tenham a segunda parte em comum (Problemas norte-americanos e centro-americano – Probl. norte e centro-americanos).

e) As siglas que constituem um título são mantidas.

f) Quando dois ou mais periódicos têm o mesmo título genérico, abreviado ou não, e o mesmo local de publicação, incorpora-se ao título o nome do editor, usando sigla, se houver.

Nomes de pessoas que constituem títulos de periódicos não são abreviados, ou seja, são reproduzidos na íntegra, abreviando-se as demais palavras do título.

5.8. NBR 6033 – Ordem alfabética

Esta norma fixa os critérios de aplicação da ordem alfabética em listas, índices, catálogos, bibliografias e trabalhos de natureza semelhante.

A *entrada*, que é elemento levado em consideração para determinar a ordenação, tal como um nome, um cabeçalho, um título, pode ser simples, composta, complexa.

a) Entrada simples : entrada constituída por uma só palavra.
P. ex.: Copacabana.
b) Entrada composta: entrada constituída por duas ou mais palavras.
P. ex.: Rio Grande.
c) Entrada complexa: entrada constituída por uma parte principal inicial, que pode ser simples ou composta, seguida de uma ou mais partes secundárias, separadas por um sinal gráfico (vírgula, ponto, traço etc.), que se destinam a esclarecer ou restringir o sentido da entrada principal. P. ex.: Brasil – História.

Os plurais das palavras somente deverão ser usados em caso de necessidade, acrescentando-se à abreviatura no singular um traço de união e a última letra da forma plural, não utilizando o ponto nesse caso. Por exemplo:
Revista da Federação das Academias de Letras – R. Fed. Acad-s Letras.

Os vocábulos de línguas diferentes que possuam a mesma raiz e o mesmo sentido, preferencialmente, deverão ser abreviados de forma idêntica.

As palavras compostas são abreviadas como se fossem isoladas, unindo-se por um traço de união.

As *regras de abreviação de títulos* estabelecem que os títulos constituídos de uma só palavra, simples ou composta, acompanhada ou não de artigos, não são abreviados. Entretanto, em caso de abreviação de títulos com mais de uma palavra, devem ser observadas as seguintes orientações:

– A ordem das palavras do título deve ser respeitada; a palavra inicial começa sempre com maiúscula.

– Os substantivos são grafados com letras maiúsculas, e os adjetivos com minúsculas, com exceção de entidades públicas e privadas. Todas as palavras do título são abreviadas, suprindo-se os artigos, conjunções, preposições e locuções similares, com exceção de quando forem iniciais e necessárias à compreensão (Ciência e Cultura – Ci. e Cult). Mantém-se a conjunção entre duas palavras compostas que tenham a segunda parte em comum (Problemas norte-americanos e centro-americanos – Probl. Norte e centro-amer).

– As siglas que constituem um título são mantidas.

– Quando dois ou mais periódicos têm o mesmo título genérico, abreviado ou não, e o mesmo local de publicação, incorpora-se ao título o nome do editor, usando sigla, se houver.

– Quanto aos *nomes de pessoas* que constituem títulos de periódicos, não são abreviados, ou seja, são reproduzidos na íntegra, abreviando-se as demais palavras do título.

5.9. NBR 10520 – Apresentação de citações em documentos

Esta norma tem por *objetivo* fixar as condições exigíveis para a apresentação de citações em documentos e destina-se a orientar autores e editores.

Define uma *citação* como menção, no texto, de uma informação colhida em outra fonte. Pode ser uma reprodução das próprias palavras do texto citado (transcrição) ou uma citação livre do texto (paráfrase).

As principais *regras* são:

– Seus dados são necessários à identificação da fonte da citação e podem aparecer no texto, em nota de rodapé ou em lista no fim do texto.

– A primeira citação de uma obra deve ter sua referência bibliográfica completa. As subsequentes podem ser referenciadas de forma abreviada, desde que não haja referências intercaladas de outras obras do mesmo autor. As referências subsequentes podem ser indicadas adotando-se as seguintes expressões latinas:

a) APUD – citado por, conforme, segundo.
b) IBDEM OU IBID – na mesma obra.
c) IDEM OU ID – igual a anterior.

d) OPUS CITATUM ou opere citato (OP. CIT.) – obra citada.
e) PASSIM – aqui e ali.
f) SEQUÊNCIA ou SEQ – seguinte ou que se segue.

– As transcrições no texto devem aparecer entre aspas ou destacadas graficamente. Exemplo: Barbour descreve "o estudo de morfologia dos terrenos... ativos".

Devem ser indicadas as supressões, interpolações etc. do seguinte modo:
a) Supressões: "...................".
b) Interpolações ou comentários: [................].
c) Ênfase ou destaque: grifo, negrito, itálico etc.

A norma estabelece ainda que:

Na *citação da citação*, identifica-se a obra diretamente consultada; o autor e/ou obra citada nesta é indicada da seguinte maneira: *Silva apud Pessoa* (faz--se a referência bibliográfica completa da obra consultada).

Tratando-se de dados obtidos por informação oral, indicar entre parênteses a expressão: informação verbal.

Na citação de trabalhos em fase de elaboração, trabalhos não publicados e outros, deve ser mencionado o fato indicando-se os dados bibliográficos disponíveis.

Atenção para os *sistemas de chamadas* estabelecidos por essa norma:

As citações devem ser indicadas no texto por um sistema numérico ou autor-data.

Qualquer que seja o método adotado, deve ser seguido consistentemente ao longo de todo trabalho. Os tipos de sistemas são:

a) Sistema numérico: as citações devem ter numeração única e consecutiva para todo o documento ou por capítulo. Deve-se evitar recomeçar a numeração das citações a cada página. A indicação da numeração no texto pode ser feita entre parênteses, entre colchetes ou situada pouco acima da linha do texto, colocada após a pontuação que fecha a citação.

b) Sistema autor-data: a indicação da fonte é feita pelo sobrenome do autor ou pela instituição responsável ou, ainda, pelo título de entrada seguido da data da publicação do documento, separados por vírgulas e entre parênteses.

Exemplos: num estudo recente (Barbosa, 1980) é exposto...

– Quando autor ou entrada estiver incluído na sentença, indica-se apenas a data, entre parênteses. Exemplo: Segundo Morais (1955), assinala "a presença...".

– Quando houver coincidências de autores com o mesmo sobrenome e data de edição, acrescentam-se as iniciais de seus prenomes. Exemplo: (BARBOSA, C., 1956).

– As citações de diversos documentos de um mesmo autor, publicados em um mesmo ano, são distinguidas pelo acréscimo de letras minúsculas após a data e sem espacejamento. Exemplo: (REESIDE, 1927) e/ou (REESIDE, 1927b).

– Quando for necessário especificar no texto a(s) página(s) ou seção(ões) da fonte consultada, deverá(ão) seguir a data, separada(s) por vírgula e precedida(s) pelo designativo que a(s) caracteriza. Exemplo: A produção de lítio começa em Searles Lake, Califórnia, em 1928 (MUNFORD, 1949, p. 513)

5.10. NBR 14724 (AGO 2002 e republicada com atualização em 2005 para vigorar a partir de 2006) – Informação e documentação – Trabalhos acadêmicos – Apresentação

Esta norma especifica os princípios gerais para elaboração de trabalhos acadêmicos (teses, dissertações e outros), visando sua apresentação à instituição (banca, comissão examinadora de professores, especialistas designados e/ou outros). ABNT (2002).

CAPÍTULO XVI

Ciência, Pesquisa e Tecnologia

A ciência e a tecnologia completam-se: uma serve-se da outra. A ciência é a teoria da outra, a tecnologia, que é a prática daquela, da ciência, e ambas alimentam-se da pesquisa.

Não pode haver ciência sem pesquisa e não pode haver pesquisa sem ciência. Essa frase já explica a grande importância da relação existente entre as duas, ciência e pesquisa. É através da pesquisa que a ciência progride e atinge os seus objetivos, de servir como instrumento de desenvolvimento do homem e sua sociedade através da tecnologia. O trio – ciência, pesquisa e tecnologia – forma o tripé do desenvolvimento da sociedade humana. Sem pesquisa, ciência e tecnologia, não existe desenvolvimento.

A ciência é o conhecimento ou um sistema de conhecimentos, que abarca verdades gerais, ou a operação de leis gerais especialmente obtidas e testadas através do método científico. O conhecimento científico depende muito da lógica. Ao questionar-se "o que é ciência", direta ou indiretamente se está questionando o método científico e também o processo científico.

Alguns definem ciência a partir do método; outros propõem uma definição de método a partir da ciência. Outros problemas, à primeira vista elementares, são levantados, quais sejam: Existe realmente um método científico? Ou existiriam vários métodos a agraciarem várias ciências? O método é único? Existe unicidade da ciência? As respostas a essas indagações são dadas pela epistemologia, *a ciência da ciência*.

Mostrou-se o que são método científico e o processo científico no capítulo que trata da metodologia, dos métodos (Capítulo IV).

Restringir-se-á aqui apenas a demonstração da relação entre ciência, pesquisa e tecnologia.

A ciência é uma das maiores atividades humanas. É a contemplação da natureza e também de muitas outras coisas. O objetivo de entendê-la, pelo mesmo caráter da própria ciência, é dinâmico e mais um processo do que um fim.

A ciência envolve mais do que a mera catalogação de fatos e da descoberta, através da tentativa e erro, de maneiras de proceder ou como funcionam esses fatos.

O que é crucial na verdadeira ciência é o fato de envolver a descoberta de princípios que subjazem e conectam os fenômenos naturais. As ciências possuem função e objeto. A complexidade do universo e a diversidade de fenômenos que nele se manifestam, aliadas à necessidade do homem de estudá-los para poder entendê-los e explicá-los, levaram ao surgimento de diversos ramos de estudo e ciências específicas. Estas necessitam de uma classificação, quer de acordo com sua ordem de complexidade, quer de acordo com seu conteúdo específico: temas, enunciados e metodologia empregada.

A ciência e o conhecimento científico são alimentados pela pesquisa e concretizam-se com a tecnologia, isto é, com a aplicabilidade real da teoria.

Tecnologia (do grego τεχνη — "ofício", instrumento, e λογια — "estudo") é um termo que envolve o conhecimento técnico e científico e as ferramentas, processos e materiais criados e utilizados a partir de tal conhecimento. É o termo que se aplica ao processo pelo qual os seres humanos desenham ferramentas e máquinas, com o intuito de aumentar seu controle e sua compreensão sobre o ambiente que os cerca. A tecnologia é, de uma forma geral, o encontro entre ciência e engenharia. Sendo um termo que inclui desde as ferramentas e processos simples, tais como uma colher de madeira e a fermentação da uva, até as ferramentas e processos mais complexos já criados pelo ser humano, tal como a Estação Espacial Internacional e a dessalinização da água do mar. Frequentemente, a tecnologia entra em conflito com algumas preocupações naturais de nossa sociedade, como o desemprego, a poluição e outras muitas questões ecológicas, filosóficas e sociológicas. O avanço tecnológico não espera pelo recurso humano e não se preocupa com sua sobrevivência, e causa frequentemente o *desemprego em massa*. Como vemos, o ser humano tem sempre a tendência a querer modificar o ambiente ao seu redor para o seu conforto e melhorar sua vida, claro, mas em alguns casos o ser humano acaba se acomodando.

E a pesquisa? Pesquisa é o ato ou efeito de pesquisar, indagar e investigar. É o processo de juntar informações sobre um determinado assunto e analisá-las, utilizando o método científico com a intenção de aumentar o conhecimento de tal assunto. Um trabalho capaz de avançar o conhecimento. A pesquisa científica faz progredir a ciência e a tecnologia. Pesquisar é descobrir algo que ainda não foi dito. É buscar novos conhecimentos, alargando a base do conhecimento. Pesquisa é a busca, ilimitada e sem preconceitos, da sistematização do conhecimento em qualquer área, e a verificação sistemática, através de experimentos planejados, controlados, objetivos e rigorosos, de hipóteses e teorias, com o objetivo final de explicar os fatos e tentar satisfazer as necessidades humanas ou resolver seus problemas, pelo menos dos detentores do poder.

Trata-se de um processo de investigação orientada por um método, com o objetivo de levantar, explorar e analisar dados para criação, formalização e/ou renovação de áreas do conhecimento. Com a pesquisa científica, não só se operam mudanças sobre os modos de pensar e agir, como também se disponibilizam, para a sociedade, construções teóricas e produtos que visam beneficiá-la. Os produtos da tecnologia são frutos da pesquisa científica.

A ciência e a tecnologia sempre estiveram muito próximas uma da outra. Geralmente, a ciência é o estudo da natureza rigorosamente de acordo com o método científico. A tecnologia, por sua vez, é a aplicação de tal conhecimento científico para conseguir um resultado prático. Como exemplo, a ciência pôde estudar o fluxo dos elétrons em uma corrente elétrica. Esse conhecimento foi e continua sendo usado para a fabricação de produtos eletrônicos, tais como semicondutores, computadores e outros produtos de alta tecnologia.

A relação próxima entre ciência e tecnologia contribui decisivamente para a crescente especialização dos ramos científicos. Por exemplo, a física se dividiu em diversos outros ramos menores, como a acústica e a mecânica, e esses ramos, por sua vez, sofreram sucessivas divisões. O resultado é o surgimento de ramos científicos bem específicos e especialmente destinados ao aperfeiçoamento da tecnologia. De acordo com esse quesito, pode-se citar a aerodinâmica, a geotécnica, a hidrodinâmica, a petrologia e a terramecânica.

A tecnologia e a ciência aproveitam e utilizam a pesquisa, seja científica ou tecnológica, para avançar cada vez mais rumo ao processo integrado e autossustentado do desenvolvimento humanitário, sociocultural, administrativo, jurídico e geral da sociedade humana.

Sem a ação do trio – ciência, pesquisa e tecnologia –, o processo de desenvolvimento estaria comprometido.

1. Ciência

A ciência refere-se tanto à investigação ou pesquisa racional quanto ao estudo da natureza, direcionando-se à descoberta da verdade. Essa verdade é relativa, dizem os teólogos, pois verdade absoluta só existe uma, Deus. Tal investigação é normalmente metódica ou de acordo com o método científico: um processo de avaliar o conhecimento empírico; o corpo organizado de conhecimento adquirido por tal pesquisa.

As áreas da ciência podem ser classificadas em duas grandes dimensões: a pura, a teórica, contrastando com a aplicada às necessidades humanas, e a natural, ou mundo natural, contrastando com o social: o estudo do comportamento humano e da sociedade. Quando se trata do campo teórico, está tratando-se da ciência, e quando se trata da aplicação da teoria científica, está tratando-se da tecnologia. Menos formalmente, a palavra ciência geralmente abrange qualquer campo sistemático de estudo ou o conhecimento desse derivado.

1.1. Método científico

Os termos "modelo", "hipótese", "teoria" e "lei" têm significados diferentes em ciência e na linguagem coloquial. Os cientistas usam o termo modelo significando a descrição de algo, especificamente algo que possa ser usado para fazer predições que possam ser testadas por experimento ou observação. Uma hipótese é uma contenção que (ainda) não foi bem embasada nem provada através de experimento. Uma lei física ou uma lei da natureza é uma generalização científica baseada em observações empíricas.

A palavra teoria é mal-entendida particularmente pelos não profissionais. O uso comum da palavra "teoria" refere-se a ideias que não possuem provas firmes ou base; diferentemente, os cientistas geralmente usam essa palavra para referirem-se aos corpos de ideias que fazem predições específicas. Dizer "a maçã caiu" é narrar um fato, enquanto que a teoria da gravidade universal de Newton é um corpo de ideias que permite que o cientista explique por que a maçã caiu e faz predições sobre outros objetos que caem.

Uma teoria especialmente frutífera que tem sobrevivido ao teste do tempo e tem uma grande quantidade de evidências apoiando-a é considerada como "provada" no sentido científico. Alguns modelos universalmente aceitos, tais como a teoria heliocêntrica e a teoria atômica, estão tão bem estabelecidos que é impossível imaginá-los como sendo falsos. Outros, tais como a relatividade, o eletromagnetismo e a evolução biológica, têm sobrevivido a testes empíricos rigorosos sem serem contraditos, mas não há garantia de que eles não serão um dia suplantados. Teorias mais recentes, tais como a teoria da rede, podem fornecer ideias promissoras, mas ainda não receberam o mesmo nível de exame.

Os cientistas nunca falam em conhecimento absoluto. Diferentemente da prova matemática, uma teoria científica "provada" está sempre aberta à falsificação se novas evidências forem apresentadas. Até as teorias mais básicas e fundamentais podem tornar-se imperfeitas se novas observações estiverem inconsistentes a elas.

A lei da gravitação de Newton é um famoso exemplo de uma lei a qual não pôde ser sustentada em experimentos envolvendo movimentos em velocidades próximas à da luz ou em proximidade a campos gravitacionais fortes. Fora dessas condições, as Leis de Newton continuam sendo um excelente modelo de movimento e gravidade. Por causa das bases da relatividade geral para todos os fenômenos das Leis de Newton e outros, a relatividade geral é agora vista como a melhor teoria.

1.2. Filosofia da ciência

A eficácia da ciência tornou-se assunto de questionamento filosófico. A filosofia da ciência busca entender a natureza, a justificação do conhecimento científico e suas implicações éticas. Tem sido difícil fornecer uma explicação do método científico que possa servir para distinguir a ciência da não ciência.

1.3. Objetivos da ciência

A crença popular sobre a ciência é de que ela responde a todas as questões. Mas o certo é que o objetivo das ciências físicas é responder apenas àquelas pertinentes à realidade física. A ciência não pode responder a todas as questões possíveis, daí ser importante pesquisar a quais questões responde. A ciência não pode e não produz uma verdade absoluta e inquestionável. Ao contrário, a ciência física frequentemente testa hipóteses sobre algum aspecto do mundo físico e, quando necessário, ela o revisa ou o substitui à luz de novas observações ou dados.

De acordo com o empirismo – conhecimento com base na experiência e cuja fonte maior são os sentidos humanos –, a ciência não faz nenhuma declaração sobre como a natureza realmente é; a ciência pode somente tirar conclusões a respeito de nossas observações da natureza. Tanto os cientistas quanto as pessoas aceitam a ciência e, mais importante, agem como se a natureza "fosse" realmente como a ciência diz. Ainda, isso é apenas um problema se aceitarmos a noção empirista da ciência.

A ciência não é uma fonte de julgamentos de valores subjetivos, apesar de poder certamente tratar de casos de ética e política pública ao enfatizar as prováveis consequências das ações. O que alguém projeta a partir de hipóteses científicas atuais mais racionais, adentrando outros reinos de interesse, não é um tópico científico; o método científico não oferece qualquer assistência para quem deseja fazê-lo dessa maneira. A justificativa científica (ou refutação) para muitas coisas é, ao contrário, frequentemente exigida. Claro que o valor dos julgamentos é intrínseco à ciência. Por exemplo, os valores verdadeiros e o conhecimento da ciência.

O objetivo subjacente ou propósito da ciência para a sociedade e indivíduos é o de produzir modelos úteis da realidade. Tem-se dito que é virtualmente impossível fazer inferências dos sentidos humanos que realmente descrevem o que "é". Por outro lado, como dito, a ciência pode fazer predições baseadas em observações. Essas predições geralmente beneficiam a sociedade ou indivíduos humanos que fazem uso delas (a física newtoniana, por exemplo). Em casos mais extremos, a relatividade nos permite predizer qualquer coisa, desde o efeito de um movimento que uma bola de bilhar terá em outras até coisas como trajetórias de sondas espaciais e satélites. As ciências sociais permitem se predizer, com precisão limitada, até agora, coisas como a turbulência econômica e também permitem melhor entender o comportamento humano, a fim de produzir modelos úteis da sociedade e trabalhar mais empiricamente com políticas governamentais.

A Química e a Biologia, juntas, têm transformado nossa habilidade em usar e predizer reações e analisar cenários químicos e biológicos. Nos tempos modernos, essas disciplinas científicas segregadas, sobretudo estas duas, estão sendo mais utilizadas conjuntamente, a fim de produzir modelos e ferramentas mais complexos...

Sintetizando, pode-se dizer que a ciência produz modelos úteis os quais permitem fazer predições mais úteis. A ciência tenta descrever o que é, mas evita tentar determinar o que é (impossível, para razões práticas). A ciência é uma ferramenta útil... é um corpo crescente de entendimento que nos permite identificarmo-nos mais eficazmente com o meio ao nosso redor e a melhor forma de nos adaptarmos e evoluirmos como um todo social, assim como independentemente.

O individualismo é uma suposição tácita subjacente a muitas bases empíricas da ciência que a trata como se ela fosse puramente uma forma de um único indivíduo confrontar a natureza, testando e predizendo hipóteses. De fato, a ciência é sempre uma atividade coletiva conduzida por uma comunidade científica. Isso pode ser demonstrado de várias maneiras; talvez o resultado mais fundamental e trivial proveniente da ciência seja comunicado com a linguagem. Então, os valores das comunidades científicas permeiam a ciência que elas produzem.

1.4. Laboratório da ciência

A ciência é praticada em universidades e outros institutos científicos, assim como no campo; assim como a pesquisa e a própria tecnologia, forma o objetivo máximo da vida universitária na academia, mas também é praticada por amadores, que se engajam na observação, na produção e na pesquisa científicas.

Trabalhadores de laboratórios de pesquisa também praticam ciência, embora seus produtos sejam, em geral, considerados segredos de mercado e não publicados em jornais públicos. Mas o laboratório específico e o mais importante da ciência é a universidade. Cientistas corporativos e universitários geralmente cooperam, os últimos concentrando-se em pesquisas básicas e os primeiros aplicando seus achados em uma tecnologia específica de interesse da companhia.

Indivíduos envolvidos no campo da educação da ciência argumentam que o processo da ciência é realizado por todos quando eles aprendem sobre seu mundo.

Os métodos da ciência são também aplicados em muitos lugares para atingir metas específicas. Por exemplo:

– Controle de qualidade em fábricas de manufatura (por exemplo, um microbiólogo em uma fábrica de queijo assegura que as culturas contenham as espécies apropriadas de bactérias).

– Obtenção e processamento de evidências da cena do crime (forense).

– Monitoramento conforme as leis ambientais.

– Realização de testes médicos para ajudar os médicos a avaliar a saúde de seus pacientes.

– Investigação de causas de um desastre (tais como um colapso em uma ponte ou acidente aéreo).

1.5. Campos da ciência

– Ciências da Saúde.
– Ciências Naturais.
– Ciências Sociais.
– Ciências Holísticas, Interdisciplinares e Aplicadas.
– Ciências Ambientais.

2. Pesquisa

O projeto de pesquisa é uma construção lógica e racional, com base nos postulados da metodologia científica a ser empregada no desenvolvimento de uma série de etapas.

2.1. Critérios para a execução de uma pesquisa

A realização de uma pesquisa pressupõe algumas exigências básicas, tais como a qualificação do pesquisador, os recursos humanos, materiais e financeiros.

Entre as qualidades intelectuais e sociais do pesquisador, destacam-se:

– conhecimento do assunto a ser pesquisado;
– curiosidade;
– criatividade;
– integridade intelectual;
– atitude autocorretiva;

– sensibilidade social;
– imaginação disciplinada;
– perseverança e paciência;
– confiança na experiência.

Por mais qualificado que seja o pesquisador, não pode ignorar certas circunstâncias "extracientíficas". Além de tempo para dedicar-se à pesquisa, são necessários equipamentos, livros, instrumentos e outros materiais e, conforme o caso, verba para a remuneração de serviços prestados por outras pessoas. Isso significa que, para realizar uma pesquisa, devem ser levados em conta os recursos humanos e materiais, tais como disponibilidade de tempo e o indispensável suporte financeiro.

2.2. Para que serve a pesquisa

As várias finalidades da pesquisa podem ser classificadas em dois grupos: o primeiro reúne as finalidades motivadas por razões de ordem intelectual, e o segundo, por razões de ordem prática. No primeiro caso, o objetivo da pesquisa é alcançar o saber, para a satisfação do desejo de adquirir conhecimentos. Esse tipo de pesquisa de ordem intelectual, denominado "pura" ou "fundamental", é realizado por cientistas e contribui para o progresso da Ciência. No outro tipo, a pesquisa visa às aplicações práticas, com o objetivo de atender às exigências da vida moderna. Nesse caso, sendo o objetivo contribuir para fins práticos, pela busca de soluções para problemas concretos, denomina-se pesquisa "aplicada".

Na realidade, pesquisa "pura" ou "aplicada" não consistem em departamentos estanques, exclusivos entre si. A pesquisa "pura" pode, eventualmente, proporcionar conhecimentos passíveis de aplicações práticas, enquanto a "aplicada" pode resultar na descoberta de princípios científicos que promovam o avanço do conhecimento em determinada área.

2.3. Tipologia de pesquisa

Os tipos de pesquisa podem ser classificados de várias formas, por critérios que variam segundo diferentes enfoques. Do ponto de vista das ciências, por exemplo, a pesquisa pode ser biológica, médica, físico-química, matemática, histórica, pedagógica, social etc.

Para cumprir a finalidade de oferecer apenas noções introdutórias, parece o bastante limitar a classificação da pesquisa quanto à natureza, aos objetivos, aos procedimentos e ao objeto.

2.3.1. Quanto ao conteúdo

Quanto ao conteúdo, a pesquisa pode constituir-se em um trabalho científico original ou em um resumo de assunto. Por trabalho científico original entende-se uma pesquisa realizada pela primeira vez, que venha a contribuir com novas conquistas e descobertas para a evolução do conhecimento científico. Naturalmente, esse tipo de pesquisa é desenvolvido por cientistas e especialistas em determinada área de estudo.

O resumo de assunto é um tipo de pesquisa que dispensa a originalidade, mas não o rigor científico. Trata-se de pesquisa fundamentada em trabalhos mais avançados, publicados por autoridades no assunto, e que não se limita à simples cópia das ideias. É necessário que haja análise e interpretação dos fatos e ideias, a utilização de metodologia adequada, bem como o enfoque do tema de um ponto de vista original com qualidades e exigências específicas.

Esse é o tipo de pesquisa mais comum nos cursos de graduação. O resumo de assunto é um tipo de pesquisa que contribui para a ampliação da bagagem cultural do estudante, preparando-o para, futuramente, desenvolver pesquisas mais amplas e trabalhos originais.

A diferença entre trabalho científico original e resumo de assunto, portanto, não se fundamenta nos métodos adotados, mas nas finalidades da pesquisa.

2.3.2. Quanto aos objetivos

Do ponto de vista dos objetivos da pesquisa, pode-se classificá-las em exploratória, descritiva e explicativa.

a) Pesquisa exploratória

A pesquisa exploratória é o primeiro passo de todo trabalho científico. São finalidades de uma pesquisa exploratória, sobretudo quando bibliográfica, proporcionar maiores informações sobre determinado assunto, facilitar a delimitação de um tema de trabalho, definir os objetivos ou formular as hipóteses de uma pesquisa ou descobrir novo tipo de enfoque para o trabalho que se tem em mente. Através das pesquisas exploratórias, avalia-se a possibilidade de desenvolver uma boa pesquisa sobre determinado assunto.

Portanto, a pesquisa exploratória, na maioria dos casos, constitui um trabalho preliminar ou preparatório para outro tipo de pesquisa.

b) Pesquisa descritiva

Neste tipo de pesquisa, os fatos são observados, registrados, analisados, classificados e interpretados, sem que o pesquisador interfira neles. Isso significa que os fenômenos do mundo físico e humano são estudados, mas não manipulados pelo pesquisador.

Incluem-se entre as pesquisas descritivas a maioria das desenvolvidas nas ciências humanas e sociais; as pesquisas de opinião, as mercadológicas, os levantamentos socioeconômicos e psicossociais.

Pesquisas descritivas são habitualmente solicitadas por empresas comerciais (aceitação de novas marcas, novos produtos ou embalagens), institutos pedagógicos (nível de escolaridade ou rendimento escolar), partidos políticos (as preferências eleitorais ou político-partidárias) etc.

Uma das características da pesquisa descritiva é a técnica padronizada da coleta de dados, realizada principalmente através de questionários e da observação sistemática.

Quando assumem uma forma mais simples, as pesquisas descritivas aproximam-se das exploratórias. Em outros casos, quando, por exemplo, ultrapassam a identificação das relações entre as variáveis, procurando estabelecer a natureza dessas relações, aproximam-se das pesquisas explicativas.

c) Pesquisa explicativa

Este é um tipo de pesquisa mais complexo, pois, além de registrar, analisar e interpretar os fenômenos estudados, procura identificar seus fatores determinantes, ou seja, suas causas. A pesquisa explicativa tem por objetivo aprofundar o conhecimento da realidade, procurando a razão, o "porquê" das coisas; por isso mesmo, está mais sujeita a cometer erros. Contudo, pode-se afirmar que os resultados das pesquisas explicativas fundamentam o conhecimento científico.

A maioria das pesquisas explicativas utiliza o método experimental, como nas ciências sociais. O que caracteriza a pesquisa experimental é a manipulação e o controle das variáveis, com o objetivo de identificar qual a variável independente que determina a causa da variável dependente ou do fenômeno em estudo.

Em algumas ciências, porém, como na Psicologia, nem sempre é possível realizar pesquisas rigidamente explicativas, embora apresentem elevado grau de controle; são, por isso, chamadas pesquisas "quase experimentais".

2.3.3. Quanto aos procedimentos

Os procedimentos, ou seja, a maneira pela qual se obtêm os dados necessários, permitem estabelecer a distinção entre pesquisas de campo e pesquisas de fontes "de papel". Nesta modalidade incluem-se a pesquisa bibliográfica e a documental. A diferença entre uma e outra está na espécie dos documentos que constituem fontes de pesquisas: enquanto a pesquisa bibliográfica utiliza fontes secundárias, ou seja, livros e outros documentos bibliográficos, a pesquisa documental baseia-se em documentos primários, originais. Tais documentos, chamados "de primeira mão", ainda não foram utilizados em nenhum estudo ou pesquisa: dados estatísticos, documentos históricos, correspondência epistolar de personalidades etc.

A pesquisa de campo baseia-se na observação dos fatos tal como ocorrem na realidade. O pesquisador efetua a coleta de dados "em campo", isto é, diretamente no local da ocorrência dos fenômenos. Para a realização da coleta de dados são utilizadas técnicas específicas, como a observação direta, os formulários e as entrevistas.

2.3.4. Quanto ao objeto

As pesquisas quanto ao objeto podem ser: bibliográfica, de laboratório e de campo.

a) Pesquisa bibliográfica

A pesquisa bibliográfica tanto pode ser um trabalho independente como pode constituir-se no passo inicial de outra pesquisa. Já se disse, aqui, que todo trabalho científico pressupõe uma pesquisa bibliográfica preliminar. A ficha é indispensável para o pesquisador.

b) Pesquisa de laboratório

Pesquisa de laboratório não é sinônimo de pesquisa experimental e, embora a grande maioria das pesquisas de laboratório seja experimental, isso não constitui uma exclusividade. Nas ciências humanas e sociais faz-se, também, este tipo de pesquisa.

No laboratório, o pesquisador tem condições de provocar, produzir e reproduzir fenômenos em condições de controle.

Pode-se elaborar um roteiro para o planejamento de pesquisa de laboratório com dez itens:

– determinação do assunto;
– pesquisa bibliográfica prévia;
– formulação de problemas;
– formulação de hipótese ou hipóteses pela determinação das variáveis independentes que se pretendem manipular em condições de controle;
– prever, conhecer e testar a precisão dos instrumentos que serão utilizados na manipulação e nas mensurações das variáveis independentes;
– selecionar as técnicas convenientes para o caso;
– provocar o fenômeno e controlar a relação entre as variáveis independentes e os eventos, com o objetivo de testar a hipótese preestabelecida;
– generalizar ou ampliar os resultados;
– fazer predições baseadas na hipótese confirmada;
– reintegrar experimentos para confirmar predições.

O relatório escrito da pesquisa de laboratório segue as normas gerais dos trabalhos científicos.

c) Pesquisa de campo

A pesquisa de campo, desenvolvida principalmente nas ciências sociais, como Sociologia, Psicologia, Política, Economia e Antropologia, não se caracteriza como experimental, pois não tem como objetivo produzir ou reproduzir os fenômenos estudados, embora, em determinadas circunstâncias, seja possível realizar pesquisa de campo experimental.

Vale lembrar que as denominações "pesquisa de laboratório" e "pesquisa de campo" não se referem ao tipo ou às características da pesquisa, mas ao ambiente em que elas são realizadas.

A pesquisa de campo assim é denominada porque a coleta de dados é efetuada "em campo", onde ocorrem espontaneamente os fenômenos, uma vez que não há interferência do pesquisador sobre eles. Este tipo de pesquisa é utilizado com o objetivo de conseguir informações e/ou conhecimentos acerca de um problema para o qual se procura uma resposta, ou de uma hipótese que se queira comprovar, ou, ainda, descobrir novos fenômenos, ou as relações entre eles.

3. Tecnologia

A tecnologia é, de uma forma geral, o encontro entre ciência e engenharia. É um termo que inclui desde as ferramentas e processos simples, tais como uma colher de madeira e a fermentação da uva, até as ferramentas e processos mais complexos já criados pelo ser humano, tal como a Estação Espacial Internacional e a dessalinização da água do mar. Frequentemente, a tecnologia entra em conflito com algumas preocupações naturais de nossa sociedade, como o desemprego, a poluição e outras muitas questões ecológicas, filosóficas e sociológicas.

Dependendo do contexto, a tecnologia pode ser:

– As ferramentas e as máquinas que ajudam a resolver problemas.

– As técnicas, conhecimentos, métodos, materiais, ferramentas e processos usados para resolver problemas ou, ao menos, facilitar a solução dos mesmos.

– Um método ou processo de construção e trabalho (tal como a tecnologia de manufatura, a tecnologia de infraestrutura ou a tecnologia espacial).

– A aplicação de recursos para a resolução de problemas.

O termo tecnologia também pode ser usado para descrever o nível de conhecimento científico, matemático e técnico de uma determinada cultura.

Na economia, a tecnologia é o estado atual de nosso conhecimento de como combinar recursos para produzir produtos desejados (e nosso conhecimento do que pode ser produzido).

3.1. Tecnologia e economia

Existe um equilíbrio muito tênue entre as vantagens e as desvantagens que o avanço da tecnologia traz para a sociedade. A principal vantagem é refletida na produção industrial: a tecnologia torna a produção mais rápida e maior, e, ainda assim, o resultado final é um produto mais barato e com maior qualidade. As desvantagens que a tecnologia traz são de tal forma preocupantes que quase superam as vantagens, uma delas é a poluição, que, se não for controlada a tempo, evoluirá para um quadro irreversível. Outra desvantagem é o desemprego gerado pelo uso intensivo das máquinas na indústria, na agricultura e no comércio. A esse tipo de desemprego, no qual o trabalho do homem é substituído pelo trabalho das máquinas, denominamos desemprego estrutural. Um dos países que mais sofrem com esse problema é o Japão (sendo que um dos principais motivos para o crescimento da economia de esse país ter freado a partir da década de 90 foi, justamente, o desemprego estrutural).

3.2. Tipos de tecnologia

As tecnologias mais usuais e conhecidas são:

Tecnologias clássicas: Agricultura, Astronomia, Roupa, Fogo, Medicina, Mineração, Parafuso, Roda, Transportes, Escrita.

Tecnologias avançadas: Genética, Biotecnologia, Armazenamento de energia, Purificação de água, Instrumentação, Metalurgia, Micro-ondas, Microtecnologia, Microfluidos, Engenharia molecular, Nanotecnologia, Reator nuclear, Energia nuclear, Fusão nuclear, Raios X, Armas nucleares, Armas químicas, Armas biológicas.

Tecnologias de comunicação: Satélite artificial, Fotografia, Vídeo, Reprodução de música, Gravação digital, Tecnologia de áudio e som.

Tecnologia elétrica fundamental: Eletricidade, Resistor, Indutor, Energia elétrica, Capacitor, Geração de eletricidade, Transmissão de energia elétrica, Distribuição da eletricidade, Controle de energia, Motor elétrico, Tecnologia de informação, Semicondutor, Tubo de vácuo, Eletrônica, Transistor, Circuitos integrados, Informática.

3.3. História da tecnologia

A história da tecnologia é quase tão velha quanto a história da humanidade e se segue desde quando os seres humanos começaram a usar ferramentas de caça e proteção. A história da tecnologia tem, consequentemente, embutida a cronologia do uso dos recursos naturais, porque, para serem criadas, todas as ferramentas necessitaram, antes de qualquer coisa, do uso de um recurso natural adequado. A história da tecnologia segue uma progressão das ferramentas simples e das fontes de energia simples às ferramentas complexas e das fontes de energia complexas: as tecnologias mais antigas converteram recursos naturais em ferramentas simples. Os processos mais antigos, tais como arte rupestre e a raspagem das pedras, e as ferramentas mais antigas, tais como a pedra lascada e a roda, são meios simples para a conversão de materiais brutos e "crus" em produtos úteis. Os antropólogos descobriram muitas casas e ferramentas humanas feitas diretamente a partir dos recursos naturais. A descoberta e o consequente uso do fogo foi um ponto-chave na evolução tecnológica do homem, permitindo um melhor aproveitamento dos alimentos e o aproveitamento dos recursos naturais que necessitam do calor para serem úteis. A madeira e o carvão de lenha estão entre os primeiros materiais usados como combustível. A madeira, a argila e a rocha (tal como a pedra calcária) estavam entre os materiais mais adiantados a serem tratados pelo fogo, para fazer as armas, cerâmica, tijolos e cimento, entre outros. As melhorias, tais como a fornalha, permitiram a habilidade de derreter e forjar o metal (como o cobre, 8000 a.C.) e a descoberta das ligas, tais como o bronze (4000 a.C.). Os primeiros usos do ferro e do aço datam de 1400 a.C.

As ferramentas mais sofisticadas incluem desde máquinas simples, como a alavanca (300 a.C.), o parafuso (400 a.C.) e a polia, até a maquinaria complexa, como o computador, os dispositivos de telecomunicações, o motor elétrico, o motor a jato, entre muitos outros. As ferramentas e máquinas aumentam em complexidade na mesma proporção em que o conhecimento científico se expande. A maior parte das novidades tecnológicas costuma ser primeiramente empregada na engenharia, na medicina, na informática e no ramo militar. Com isso, o público doméstico acaba sendo o último a se beneficiar da alta tecnologia, já que ferramentas complexas requerem uma manufaturação complexa, aumentando drasticamente o preço final do produto. Outro exemplo é a energia obtida do vento, da água, dos hidrocarbonetos e da fusão nuclear. A água fornece a energia com o processo da geração da hidroenergia. O vento fornece a energia usando correntes e moinhos de vento. Há três fontes principais dos hidrocarbonetos, ao lado da madeira e de seu carvão, gás natural e petróleo. O carvão e o gás natural são usados quase exclusivamente como uma fonte de energia. O *coke* é usado na manufatura dos metais, particularmente de aço. O petróleo é amplamente usado como fonte de energia (gasolina e diesel) e é também um recurso natural usado na fabricação de plásticos e outros materiais sintéticos. Alguns dos mais recentes avanços no ramo da geração de energia incluem a habilidade de usar a energia nuclear, derivada de combustíveis como o urânio, e a habilidade de usar o hidrogênio como fonte de energia limpa e barata.

Nos tempos atuais, os denominados sistemas digitais têm ganhado cada vez mais espaço entre as inovações tecnológicas. Grande parte dos instrumentos tecnológicos de hoje envolvem sistemas digitais, principalmente no caso dos computadores.

3.4. Ciências tecnológicas

Entre as ciências tecnológicas, destacam-se:

– Ciências aplicadas.
– Arte e linguagem.
– Tecnologia da informação.
– Tecnologia militar e tecnologia de defesa.
– Tecnologia doméstica ou residencial.
– Engenharia.
– Tecnologia medicinal.
– Tecnologia do comércio.
– Tecnologia digital.

Conclusão

Vive-se, hoje, numa sociedade polissêmica, ou seja, caracterizada pela diversidade de significados, ideias, conceitos, palavras, atitudes, objetos, dentre outras manifestações da vida humana. Essa mesma sociedade vem sendo chamada de "tecnológica", o que significa que se está cada vez mais rodeado de artefatos, objetos, bens e símbolos que remetem à tecnologia. O termo "tecnologia" é polissêmico, na medida em que lhe são dados vários significados, dependendo do olhar lançado sobre esse fenômeno.

No senso comum, por exemplo, a tecnologia é vista como a expressão material de um processo que se manifesta através de instrumentos, máquinas, dentre outros, cuja suposta finalidade é melhorar a vida humana. Essa visão vem sendo bastante difundida principalmente através dos meios de comunicação que constantemente divulgam produtos e serviços tecnológicos que vieram para facilitar o cotidiano das pessoas, tornando-a mais confortável, mais rápida, mais eficiente, mais ágil e assim por diante.

Tais produtos são feitos por empresas que, por sua vez, dão à tecnologia um significado instrumental. Isto quer dizer que a tecnologia tem o papel de possibilitar o aumento de produtividade e competitividade, melhorando o desempenho destas, assim como de seus próprios produtos. Nesse ponto de vista, a tecnologia foi apontada por Marx (1975) como uma das forças produtivas que, juntamente com a força de trabalho, garantem a produção de mercadorias em maior quantidade e em menor tempo. A sua comercialização proporciona a acumulação ampliada do capital e a reprodução do capitalismo.

Nessa perspectiva, a tecnologia é pensada de maneira a otimizar o processo produtivo de bens dirigidos ao mercado de consumo, o qual direciona a produção. Essa visão pragmática e utilitarista da tecnologia está também presente em outras instâncias da sociedade, tais como órgãos governamentais, institutos de pesquisa, ensino e financiamento para o desenvolvimento científico e tecnológico. No Brasil, por exemplo, o Livro Verde do Ministério de Ciência e Tecnologia (2001) aponta para o fato de que os países em desenvolvimento vêm investindo na produção de conhecimento e inovação tecnológica pela percepção de que aquele é elemento central da nova estrutura econômica e que a inovação é o principal veículo da transformação de conhecimento em valor.

A tecnologia perpassa todas as formações sociais porque, na produção das condições materiais de vida, necessárias a qualquer sociedade, são imprescindíveis à criação, apropriação e manipulação de técnicas que carregam em si elementos culturais, políticos, religiosos e econômicos, constituintes da concretude da existência social. Desse ponto de vista, tecnologia está intrinsecamente presente tanto numa enxada quanto num computador.

Constitui crença generalizada que o conhecimento fornecido pela ciência distingue-se por um grau de certeza alto, desfrutando, assim, de uma posição privilegiada com relação aos demais tipos de conhecimento (o do homem comum, por exemplo). Teorias, métodos, técnicas e produtos contam com aprovação geral quando considerados científicos. A autoridade da ciência é evocada amplamente. Indústrias, por exemplo, frequentemente rotulam de "científicos" processos por meio dos quais fabricam seus produtos, bem como os testes aos quais os submetem. Atividades várias de pesquisa nascentes se autoqualificam "científicas", buscando afirmar-se: ciências sociais, ciência política, ciência agrária etc.

Essa atitude de veneração frente à ciência deve-se, em grande parte, ao extraordinário sucesso prático alcançado pela física, pela química e pela biologia, principalmente. Assume-se, implícita ou explicitamente, que por detrás desse sucesso existe um "método" especial, uma "receita" que, quando seguida, redunda em conhecimento certo, seguro.

A questão do "método científico" tem constituído uma das principais preocupações dos filósofos, desde que a ciência ingressou em uma nova era (ou nasceu, como preferem alguns), no século XVII. Formou-se, em torno dela e de outras questões correlacionadas, um ramo especial da filosofia, a filosofia da ciência.

Sem pesquisa não há ciência, muito menos tecnologia. Todas as grandes empresas do mundo de hoje possuem departamentos chamados "Pesquisa e Desenvolvimento" (P&D).

Os departamentos de P&D estão sempre tentando dar um passo à frente para a obtenção de novos produtos que respondam melhor às exigências cada vez maiores dos consumidores ou, simplesmente, que permitam vencer a concorrência das outras empresas.

As indústrias farmacêuticas vivem à procura de novos medicamentos mais eficazes contra doenças velhas e novas. As montadoras de automóveis querem produzir carros mais econômicos, menos poluentes, mais seguros. A informática não para de nos assustar com seus computadores cada dia mais rápidos, com maior capacidade de memória, com programas mais eficientes.

Uma porcentagem significativa dos lucros dessas empresas é destinada à P&D. Nesses departamentos existem laboratórios ultramodernos, pistas de testes (quando é o caso), campos de aplicação experimental, oficinas para montagem de protótipos etc. Neles trabalham técnicos e cientistas altamente preparados.

Se não houvesse pesquisa, nenhuma das grandes invenções e descobertas científicas teria acontecido.

Antes de se iniciar uma pesquisa, deve-se preparar um projeto. Fazer um projeto é "lançar ideias para frente", é prever as etapas do trabalho, é definir aonde se quer chegar com ele – assim, durante o trabalho prático, saberemos como agir, que decisões tomar, qual o próximo passo que teremos de dar na direção do objetivo desejado.

As etapas de um primeiro projeto de pesquisa são: escolha do tema, delimitação do tema, problematização, hipóteses, objetivos, justificativa, procedimentos metodológicos, elaboração de um esquema, cronograma, bibliografia. O tema precisa ser interessante para o pesquisador, que deverá escolher um assunto de acordo com suas aptidões, tendências e preferências pessoais. Para que um tema se transforme em objeto de pesquisa científica, precisa ser delimitado, ter sua extensão reduzida, para que seja possível um aprofundamento e, consequentemente, maior compreensão. Para fazer pesquisas precisamos de um problema para buscar respostas ou possíveis respostas. A definição das hipóteses orientará a bibliografia a ser lida. O objetivo é a finalidade que a pesquisa pretende atingir após todas as fases vencidas pelo pesquisador. Nem todos os tipos de pesquisas seguem as mesmas orientações. Na elaboração de um esquema, a sequência lógica da monografia já deverá ir para o papel. A bibliografia deverá ser cuidadosamente escolhida, abrangendo livros, revistas, jornais, folhetos, documentos que fornecerão subsídios à pesquisa.

Há vários tipos de pesquisa; todas as pesquisas têm como parte inicial a pesquisa bibliográfica. A pesquisa de campo detém-se na observação do ambiente. Na pesquisa de laboratório, exerce-se um maior controle, ao provocar e produzir fenômenos. Ao pesquisar na internet, deve-se procurar fontes de caráter científico ou filosófico.

Apêndices

A – Modelo de Anteprojeto de Pesquisa.
B – Ficha Técnica de Pesquisa n. 1.
C – Ficha Técnica de Pesquisa n. 2.

Apêndice A

Modelo de Anteprojeto de Pesquisa

1. Identificação

Tema: determinação do risco de crédito de empresas comerciais e industriais: uma aplicação da *análise discriminante* a empresas de grande e médio portes no município de Fortaleza (CE).
Linha de Pesquisa: gestão de Projetos Industriais, Comerciais e de Serviços.

2. Objetivos

2.1. Geral

Analisar e determinar o risco de crédito de empresas comerciais e industriais de grande e médio portes com base na aplicação da análise discriminante, em Fortaleza.

2.2. Específicos

Levantar a quantidade de empresas comerciais e industriais de grande e médio porte em Fortaleza que utilizam a análise determinante, nos setores comerciais e industriais.
Verificar a importância da análise discriminante na determinação do risco de crédito em empresas comerciais e industriais.

Interpretar e analisar com dados e informações coletadas o risco de crédito de empresas da indústria e do comércio, de médio e grande portes, sob o impacto da análise discriminante na cidade de Fortaleza.

3. Problema

Antes de elaborar uma ou algumas perguntas sobre o problema, cujas respostas serão fundamentais à sua solução, deve-se contextualizar, descrever e diagnosticar o problema... Então, pode-se fazer as perguntas como as que seguem:

Os modelos de previsão de insolvência, cuja utilização é mais difundida no Brasil, são adequados ao mercado e à realidade empresarial cearenses?

É possível determinar um modelo matemático mais adequado para a mensuração do risco de crédito apresentado por empresas cearenses?

4. Justificativa

O crescente nível de competitividade entre os ofertantes de crédito, bem como a introdução de um conjunto específico de normativos aplicáveis ao setor financeiro, resultam na aplicação de critérios cada vez mais rigorosos e seletivos na tomada de decisão para a concessão de crédito a pessoas físicas e jurídicas.

Neste contexto, os modelos quantitativos vêm sendo empregados em escala crescente por instituições financeiras e outros *"money lenders"*. Em sua essência, tais modelos quantitativos buscam fornecer respostas para a seguinte pergunta: qual é o risco de que os recursos alocados sob a forma de empréstimos ou financiamentos não sejam recuperados?

Assim, a determinação do argumento matemático (variáveis e parâmetros) que melhor se ajuste a um determinado conjunto de empresas possibilita a otimização da eficiência do processo de tomada de decisões relativas à concessão do crédito (ao possibilitar menor custo financeiro para o tomador dos recursos, menor nível de inadimplência e menor dispêndio de recursos com créditos de difícil recuperação, por exemplo).

A pesquisa proposta, partindo da premissa de que as especificidades da economia e das empresas cearenses diferem daquelas existentes nos ambientes, nos quais foram formulados os modelos de previsão de insolvência mais difundidos na literatura financeira, verificará a adequação desses modelos à realidade econômica e empresarial do Ceará e estabelecerá um modelo alternativo mais ajustado a tal realidade.

Os resultados dessa pesquisa, na forma de um modelo matemático de previsão de insolvência, poderão ser utilizados diretamente pelos agentes econômicos com ofertas de crédito das seguintes maneiras: a) na definição do limite de crédito de empresas demandantes de crédito; b) determinação do "*rating*" de crédito dessas empresas; e c) definição mais eficiente de estratégias de cobrança dos recursos cedidos.

Em última instância, portanto, espera-se que, a partir da disponibilidade de um melhor instrumento de tomada de decisão, seja reduzida a ineficiência do processo de concessão de crédito e, por consequência, seja possível uma redução dos custos envolvidos nesse processo.

5. Metodologia

Realização de pesquisa bibliográfica relativa às formulações conceituais e teóricas sobre os assuntos tratados na pesquisa.

Conceituação e ênfase dos principais indicadores econômico-financeiros, cujos valores serão levantados junto às empresas pesquisadas.

Uso dos métodos da observação e da análise e instrumentos dos principais modelos matemáticos de previsão de insolvências existentes.

Definição do universo de empresas objeto dessa pesquisa, estabelecendo os critérios de seleção da amostra a ser pesquisada, assim como da respectiva amostra.

Coleta dos dados constantes das demonstrações contábeis das empresas selecionadas, complementando o levantamento das informações necessárias através do emprego de formulários aplicados a tais empresas.

Apresentação do relatório final com o resultado da pesquisa.

6. Cronograma

Apêndice B

Ficha Técnica de Pesquisa n. 1

Artigo: Estratégia em Primeiro Lugar
GOMES-CASSERES, Benjamin. **HSM Management,** n. 15. São Paulo: julho-agosto de 1999, p. 58-64.
Tema: Alianças Corporativas/Estratégia Empresarial

Conceituação:

Associações, de curta ou longa duração, entre duas ou mais companhias que apresentem interesses comuns. Nas alianças, as empresas envolvidas cooperam em função de uma necessidade mútua, compartilhando habilidades e riscos para atingir um fim comum.

Alianças consistem em alternativas de parcerias entre empresas, por meio das quais é compartilhado o controle sobre decisões futuras relacionadas às atividades de produção e comercialização dessas empresas, bem como são reguladas as negociações que serão conduzidas entre as empresas.

De acordo com Jordan Lewis, alianças representam a única forma possível para reunir todas as habilidades e competências empresariais necessárias para competir nos mercados.

O conceito de alianças corporativas oferece uma alternativa ao conceito de integração vertical, na medida em que se fundamenta na ideia de que todas as empresas têm competências essenciais, nas quais devem concentrar-se para maximizar o seu retorno. Como, de modo geral, as empresas não possuem todas as competências necessárias para aproveitar as oportunidades oferecidas pelo mercado, as alianças tornam-se vitais para elas.

Tipologia:

De acordo com a estratégia que orienta sua formação:

Alianças de Fornecimento: têm por finalidade aproveitar as economias de escalas e as possibilidades de especialização, caracterizando-se pelo fato de que um parceiro fornece ao outro produtos e serviços.
Alianças de Posicionamento: têm por objetivo facilitar a entrada em novos mercados ou expandir a participação existente nos atuais mercados.
Alianças de Aprendizado: voltadas para o desenvolvimento de novas tecnologias por meio de pesquisa colaborativa e/ou transferência de capacidades entre os parceiros.

Quanto ao número de parceiros (de acordo com Gary Hamel e Yves Doz):

a) Bilaterais.
b) Multilaterais, os quais, por sua vez, podem ser:

– Rede de Alianças: união de empresas de porte equivalentes e/ou que operam em um mercado local para atuar fora deste.
– "Portfólio de Alianças": conjunto desconexo de alianças bilaterais.
– "Teia" (ou *Web*): associação de empresas mais relacionadas entre si do que no "Portfólio de Alianças", porém não tão uniformes quanto nas Redes de Alianças.

Finalidade:

Compartilhar informações, reputação, contatos e referências.
Neutralizar concorrentes em potencial.
Atuar conjunta e coordenadamente, orientando-se para o fortalecimento da posição competitiva diante dos não membros.
Acessar mercados maiores e obter uma mais ampla cobertura de serviços.
Desenvolver novas tecnologias por meio de pesquisa colaborativa e/ou transferir capacidades entre os parceiros.

Condicionantes:

Estratégia de negócios definidora da lógica e da forma das várias alianças individuais.

Abordagem dinâmica que oriente o gerenciamento e a evolução de cada aliança.

Capacidade de coordenação das diversas parcerias existentes.

Infraestrutura interna que apóie e maximize o valor da colaboração externa.

Riscos:

Existência de conflitos entre parceiros, principalmente nas alianças que envolvem antigos concorrentes.

Indefinição dos objetivos estratégicos da aliança.

Ausência/deficiência de mecanismos de coordenação dos componentes das alianças.

Problemas organizacionais internos dos componentes das alianças, enfraquecendo a sua capacidade de gerenciar tais associações.

Comprometimento das condições de concorrência no mercado, implicando a intervenção governamental com aplicação de normas antitruste.

Vantagens:

Obtenção de maiores economias de escala e de sinergias internas.

Acesso a novos mercados.

Liderança no desenvolvimento de novos produtos e serviços.

Desvantagens:

Complexidade no relacionamento entre as empresas parceiras, implicando um esforço específico no gerenciamento da aliança.

Redução dos graus de liberdade no processo de tomada de decisão individual das empresas componentes da aliança.

Processo:

Criação de um processo organizacional que incorpore a aliança como uma opção estratégica natural para a empresa, abrangendo, inclusive, um sistema definidor e monitor dos objetivos dessa aliança.

Identificação de uma forma de gerenciamento das mudanças nas alianças.

Estabelecimento de uma ordem de prioridades para as diversas alianças existentes.

Criação de uma hierarquia organizacional responsável pela otimização do portfólio de alianças.

Agentes envolvidos:

Todos os níveis funcionais (gerenciais e técnicos) das empresas envolvidas. Exemplos:

– Xerox/Fuji: na década de 80, essas empresas firmaram uma aliança cujo objetivo era alavancar as vendas de copiadoras da marca XEROX no mercado japonês.

– Time-Warner/Toshiba: essas empresas estabeleceram uma aliança para o desenvolvimento do DVD.

Apêndice C

Ficha Técnica de Pesquisa n. 2

Artigo: *Clusters* e Competitividade
Tema: Organização/Estratégia Empresarial

Conceituação:

Concentrações geográficas de empresas de determinado setor de atividade e organizações correlatas, de fornecedores de insumos a instituições de ensino e clientes.

Agrupamentos de empresas em uma região voltadas para um determinado setor de atividade ou produção de um bem e/ou serviço específico.

Forma alternativa de organização da cadeia de valor.

Modelo organizacional que otimiza a eficiência e flexibilidade no processo produtivo.

Finalidade:

Aumentar a produtividade das empresas sediadas na região.

Indicar a direção e o ritmo da inovação, de modo a assegurar o futuro crescimento da produtividade.

Estimular a formação de novas empresas, o que expande e reforça o próprio *cluster*.

Condicionantes:

Determinação da localização geográfica do *cluster*: a escolha da localização do *cluster* deve orientar-se não apenas pela redução dos custos dos insumos, mas, principalmente, fundamentar-se no custo total do sistema de produção e no potencial existente para inovação.

Nível de envolvimento dos participantes do *cluster*: a otimização do aproveitamento dos recursos competitivos do *cluster* requer uma rede de relacionamentos pessoais e empresariais, interesses comuns e uma significativa presença na região escolhida para localizá-lo.

Capacidade de aperfeiçoamento do *cluster*: o contínuo processo de melhoria do *cluster*, na medida em que constitui uma melhoria do ambiente empresarial no qual está inserida a empresa, é fator de aperfeiçoamento da própria empresa participante desse *cluster*.

Capacidade de atuação conjunta: o conceito de *cluster* implica uma nova abordagem à questão do investimento em bens públicos por parte das empresas, na medida em que uma maior participação dos seus recursos na produção é esperada.

Riscos:

Inflexibilidade normativa e/ou introdução de regras sindicais restritivas, reduzindo a melhoria da produtividade.

Excessos de fusões, cartéis e outras restrições à competição.

Descontinuidades tecnológicas.

Deterioração da qualidade da infraestrutura física e da qualidade dos insumos utilizados pelas empresas do *cluster*, implicando a perda de produtividade dos seus participantes.

Vantagens:

Maior e melhor acesso à mão de obra e aos fornecedores.

Otimização do acesso a informações especializadas sobre a atividade desenvolvida.

Desenvolvimento de atividades correlatas, complementares entre si, tornando o conjunto maior do que a soma das partes individuais.

Acesso a instituições e bens públicos, tais como infraestrutura e educação.

Maior motivação dos participantes do *cluster* e melhoria dos critérios e procedimentos de avaliação de desempenho entre os concorrentes.

Desvantagens:

Concentração das empresas em um espaço geográfico, saturando os recursos físicos (infraestrutura) existentes, com reflexos sobre a eficiência das empresas.

Aumento na demanda de insumos concentrados em uma região, tornando-os mais caros.

Processo:

A origem de um *cluster* pode estar localizada em circunstâncias históricas (tal como a existência de centros de pesquisas), em necessidades locais específicas ou, ainda, na existência anterior de setores de fornecedores ou afins.

Na medida em que o *cluster* se forma, tem início um ciclo de autorreforço, com maior presença de outras instituições locais e maior influência sobre o governo e outras entidades públicas e privadas.

Na fase de consolidação, acumulam-se informações, surgem novos fornecedores especializados, treinamento, pesquisa e infraestrutura são desenvolvidos por instituições locais.

Consolidado, o *cluster* passa a englobar setores associados à sua atividade fim.

Aspectos legais:

Em países em desenvolvimento, a formação de *clusters* está fortemente ligada à natureza da política industrial adotada, quer em razão dos interesses preexistentes, quer em razão das limitações de recursos para investimento em infraestrutura e em outros bens sociais (educação, saúde etc.).

Agentes envolvidos:

Governos: responsáveis pela oferta de infraestrutura física e recursos humanos de boa qualidade (por meio da oferta de educação) e pelo estabelecimento de regras para a concorrência.

Empresas: participantes do processo de integração produtiva característica dos *clusters*, assumindo, em conjunto, maiores responsabilidades na formação de um ambiente empresarial propício ao seu desenvolvimento.

Instituições de ensino e de pesquisa: participantes do processo de melhoria da produtividade e de inovação essencial ao desenvolvimento dos *clusters*.

Exemplos:

– Empresas do setor de tecnologia do Vale do Silício na Califórnia (EUA).

– Cluster dos fabricantes de cristais ao redor de Blumenau (SC).

Referências bibliográficas

Livros

BRANDÃO, C. R. **Repensando a pesquisa participante**. São Paulo: Editora Brasiliense, 187 p.

BELCHIOR, P. G. **Planejamento e elaboração de projetos.** Rio de Janeiro: Americana, 1979, 134 p.

BÊRNI, Duílio de Ávila. **Técnicas de pesquisa em economia**. São Paulo: Saraiva, 2002, 408 p.

CARVALHO, Horácio Martins. **Introdução ao projeto de pesquisa científica.** 2ª edição. Rio de Janeiro: Petrópolis, 1979.

CASTRO, CLÁUDIO M. A. **Prática da pesquisa.** São Paulo: Editora Mcgraw-Hill do Brasil, 1977, 156 p.

CERVO, Amado Luiz; BERVIAN, Pedro Alcino. **Metodologia científica:** para uso dos estudantes universitários. 3ª edição. São Paulo: McGraw-Hill do Brasil Ltda., 1983, 249 p.

COMTE, Augusto. **Cours de Philosophie Positive**. Paris, França: Seuil, p. 1830-1842.

DEMO, Pedro. **Introdução à metodologia científica**. S. Paulo: Atlas, 1996, 118 p.

ECO, Umberto. **Como se faz uma tese.** 12ª edição, São Paulo: Perspectiva, 1995, 174 p.

FACHIN, Odília. **Fundamentos de metodologia.** São Paulo: Atlas, 1995, 153 p.

FARIA, A. Nogueira. **Organização e métodos**. Rio de Janeiro: Livros Técnicos, 1982, 216 p.

FERNANDEZ, Vicente Paz, e YOUSSEF, Antônio Nicolau. **Matemática para o 2º grau.** Curso Completo. São Paulo: Cipione, 1991.

FONSECA, Jairo Simon da, e MARTINS, Gilberto de Andrade. **Curso de Estatística**. 3ª edição, São Paulo: Atlas, 2002.

FREUND, John, e SIMON, Garya. **Estatística aplicada, economia, administração e contabilidade.** 9ª edição. Porto Alegre: Bookman, 2000.

GALLIANO, A. Guilherme. **O Método científico**: teoria e prática. São Paulo: Habra, 1995, 200 p.

GIL, Antonio Carlos. **Como elaborar projetos de pesquisa.** 3ª edição. São Paulo: Atlas, 1994, 159 p.

_____. **Técnicas de pesquisa em economia.** São Paulo: Atlas, 1999, 198 p. GRA, Robert J. **Guide methodologique de recherche.** Montreal: Presse Universitaire du Québec, 1994, 196 p.

HESEL, José Ribeiro. **Organização e métodos**. Porto Alegre: 1980, 70 p.

HÜHNE, Leda Miranda. **Metodologia científica.** 5ª edição. Rio de Janeiro: Agir, 1987, 26 p.

INKELES, Alex. **O que é sociologia?** – Título do original em inglês: "What is Sociology? An Introduction to the Discipline and Profession". Tradução de LEITE, Dante Moreira. São Paulo: Livraria Pioneira. Coleção: Biblioteca pioneira de ciências sociais, 1995, 195 p.

KMENTA, Jan. **Elementos de econometria**: teoria estatística básica. Atlas, vol. I, São Paulo, 1994.

KOCHE, José Carlos. **Fundamentos de metodologia científica:** teoria da ciência e prática da pesquisa. 16ª edição. Rio de Janeiro: Vozes, 1999, 180 p.

LAKATOS, Eva Maria; MARCONI, Marina de Andrade. **Fundamentos de metodologia científica.** 3ª edição. São Paulo: Atlas, 1991, 270 p.

_____. **Metodologia do trabalho científico.** 4ª edição. São Paulo: Atlas, 1992, 214 p.

LEITE, Francisco Tarciso. **Metodologia científica.** Fortaleza: UNIFOR, 1998, 80 p. (Apostila).

_____. **Metodologia científica**: iniciação à pesquisa científica, métodos e técnicas de pesquisa, metodologia do trabalho científico. Fortaleza: UNIFOR, 2005, 286 p.

LUCKES, Cipriano et al. **Fazer a universidade:** uma proposta metodológica. 8ª edição. São Paulo: Cortez, 1996.

MATAR, Fauze N. **Pesquisa de markting.** São Paulo: Atlas, 1999, 338 p.

MAIA, Teresa Lisieux. **Metodologia básica.** Fortaleza: UNIFOR, 1994.

MENDES, Artur Linhares. **A leitura e outros métodos e técnicas de aprendizagem científica.** Fortaleza: UNIFOR/MAE, 1999.

MONDIM, B. **Introdução à filosofia.** São Paulo: Paulinas, 1979, 176 p.

MOREIRA, Antônio F. B. **Currículos e programas.** 3ª edição. São Paulo: Papirus, 1987, 178 p.

MUNHOZ, Dércio Garcia. **Economia aplicada** – técnicas de pesquisa e análise econômica. São Paulo: Atlas, 1987, 223 p.

OLIVEIRA, Sílvio Luiz de. **Tratado de metodologia científica.** São Paulo: Pioneira, 1997, 196 p.

PADUA, Elisabete Matallo Marchesini de. **Metodologia da pesquisa.** 2ª edição. Campinas, São Paulo. Papirus. 1997, 84 p.

PAGE-JONES, Meillir. **Gerenciamento de projetos**: uma abordagem prática e estratégica no gerenciamento de projetos. Rio de Janeiro: McGraw Hill, 1996, 327 p.

PHILLIPS, Bernard S. **Pesquisa social: estratégias e táticas.** Rio de Janeiro: Agir, 1974, 60 p.

POMERANZ, Lenina. **Elaboração e análise de projetos.** São Paulo: Hucitec, 1995, 246 p. Tradução de LEITE, Dante Moreira. São Paulo: Livraria Pioneira. Coleção: Biblioteca pioneira de ciências sociais, 1995, 195 p.

POPPER, Karl. **A Lógica da pesquisa científica.** São Paulo: Cultrix, 1993, 567 p.

REICHENBACH, H. **La Nascita della Filosofia Scientifica.** Trad. it, Il Mulino. Bolonha: Lavita, 1961, 208 p.

REINALDO, Guerreiro. **A meta da empresa.** São. Paulo: Atlas, 1996.

RICHARDSON, Roberto Jarry. **Pesquisa social**: Métodos e Técnicas. 3ª edição. São Paulo: Atlas, 1996, 333 p.

RUDIO, Franz Victor. **Introdução ao projeto de pesquisa.** Rio de Janeiro: Vozes, 1995, 123 p.

RUIZ, João Álvaro. **Metodologia científica:** guia para eficiência nos estudos, 2ª edição, São Paulo: Atlas, 1998, 183 p.

SALOMON, Délcio Vieira. **Como fazer uma monografia.** 2ª edição. São Paulo: Fontes, 1991

SEVERINO, Antônio Joaquim. **Metodologia do trabalho científico.** São Paulo: Cortez, 1998, 272 p.

THIOLLENT, M. **Notas para o debate sobre a pesquisa-ação.** São Paulo: Editora Brasiliense, 1995.

TRIVIÑOS, Augusto N. S. **Introdução à pesquisa em ciências sociais – o positivismo, a fenomenologia e o marxismo.** São Paulo: Atlas, 1992, 175 p.

VIEIRA, Sônia. **Metodologia científica:** para a área de saúde. São Paulo: Ave Maria, 1984, 93 p.

Documentos

BIBLIOTECA KARL A. BOEDECKER. Normas para apresentação de Monografia. São Paulo: Fundação Getúlio Vargas, 1995.

DICIONÁRIO AURÉLIO BUARQUE DE HOLANDA. 1998, p. 925 e 1084.

DICIONÁRIO DAS CIÊNCIAS SOCIAIS. Rio de Janeiro: Fundação Getúlio Vargas, 1986, p. 1215-1225.

MODERN LANGUAGE ASSOCIATION OF AMERICA – MLA: **Handbook for writers of research papers, theses and dissertations.** New York University Press, 1977.

MINIDICIONÁRIO DA LÍNGUA PORTUGUESA. 2ª edição, Rio de Janeiro: Nova Fronteira, 1988.

NORMAS DA ABNT – Associação Brasileira de Normas Técnicas.

NORMAS PARA APRESENTAÇÃO DE TRABALHOS: teses, dissertações e trabalhos científicos. Curitiba: Universidade Federal do Paraná, 1996.

PESQUISA. Disponível em: www.google.com.br. Acesso em: 28/03/04.

PESQUISA. Disponível em: www.cade.com.br. Acesso em: 30/03/04.

PETIT LAROUSSE ILUSTRÉ. Paris: Delta Larousse, 1991, 620 p.

UNESCO: Guia para a redação de artigos científicos destinados à publicação. Brasília: Instituto Brasileiro de Informação em Ciência e Tecnologia, 1998.

UNIVERSIDADE FEDERAL DO CEARÁ. Plano setorial de pesquisa e pós-graduação. Fortaleza: UFC, 1976/1980.

Esta obra foi composta em CTcP
Capa: Supremo 250g – Miolo: Polen Soft 70g
Impressao e acabamento
Gráfica e Editora Santuário